PATRIZIA CAPETTI ● SILVIA VIVALDA

NUOVE PROVE DI MATEMATICA INVALSI CBT

CLASSE 3ª

SCUOLA SECONDARIA DI PRIMO GRADO

COME AFFRONTARE LE NUOVE PROVE INVALSI CBT: UNA PROVA CON QUESITI GUIDATI E COMMENTATI

TESTI E ATTIVITÀ PER SVILUPPARE LE COMPETENZE MATEMATICHE NUMERI • SPAZIO E FIGURE • DATI E PREVISIONI • RELAZIONI E FUNZIONI

VERIFICHE SUL MODELLO DELLA NUOVA PROVA INVALSI DI MATEMATICA CBT (sulla carta e a computer)

GRUPPO EDITORIALE il capitello

INDICE

Progetto grafico: *Silvia Giacone,* Torino

Copertina: IMPAGINARIA, Torino

Impaginazione: *Sr grafica*, Torino

Disegni: *Sacco Vallarino*

Realizzazione lastre CTP: *Fotoincisa EFFEGI*, Savigliano (CN)

Stampa: © Edizioni il capitello, Torino

via Sansovino, 243/22/R – 10151 Torino
Telefono 011 45 13 611

internet: www.capitello.it
e-mail: info@capitello.it

PRESENTAZIONE

PER I DOCENTI

Questo testo è stato scritto con l'intento di fornire ai colleghi materiali e spunti per ampliare le proposte utili a consolidare la preparazione per affrontare la Prova Nazionale INVALSI di Matematica e offrire ai ragazzi la possibilità di esercitarsi in modo autonomo, a casa o a scuola.

Dall'a.s. 2017/18 le Prove Nazionali vengono svolte prima della fine dell'anno scolastico, interamente al computer e on line (prove CBT, computer based test).

Le prove non sono più parte integrante dell'esame di Stato, ma rappresentano un momento distinto del processo valutativo conclusivo del primo ciclo di istruzione. Le prove INVALSI di Italiano, Matematica e Inglese per le classi terze della Scuola secondaria di primo grado fanno riferimento ai Traguardi di sviluppo delle competenze previsti dalle Indicazioni nazionali per il curricolo. La **partecipazione è requisito indispensabile per l'ammissione all'esame di Stato**.

Le prove INVALSI non concorrono alla determinazione della votazione d'esame.
Il decreto n. 62 esplicita solo che **l'esito delle prove INVALSI**, espresso in forma descrittiva, **viene inserito nel curriculum dello studente** (art. 21, comma 2), **ma il diploma riporta soltanto la votazione dei risultati d'esame**.

Per svolgere la Prova Nazionale di Matematica sono previsti 90 minuti. Per gli alunni DSA sono concessi gli strumenti compensativi indicati nel piano didattico personalizzato ed è previsto, se necessario, un tempo maggiore.

PER GLI STUDENTI

Il testo comprende 6 prove di allenamento, di cui due: la prova 2 e la prova 5 fornite anche in versione digitale accedendo al sito della Casa Editrice **http://invalsi.capitello.it.**

Ogni prova contiene 40 quesiti e 50 item, suddivisi in relazione ai quattro ambiti: Numeri (N), Spazio e figure (S), Dati e previsioni (D), Relazioni e funzioni (R).

Vi consigliamo di leggere sempre con molta attenzione il quesito e i dati forniti.

I quesiti possono essere a scelta multipla, a completamento, Vero/Falso o in alcuni casi a risposta aperta.

Per rispondere nella versione cartacea dovete mettere una crocetta accanto alla risposta corretta o completare, come richiesto, mentre nella versione on line dovrete cliccare con il mouse sul pallino. La risposta data potrà essere modificata prima di concludere la prova.

UNA PROVA GUIDATA E COMMENTATA

Prova di matematica Classe Terza

Ti presentiamo alcuni esempi tratti dalle Prove Nazionali dei passati anni scolastici.

La maggior parte delle domande ha quattro possibili risposte, contrassegnate con le lettere dell'alfabeto A, B, C, D. Fai molta attenzione: una sola lettera corrisponde alla risposta giusta.

In altri casi devi stabilire se le affermazioni sono Vere o False o invece eseguire sul foglio alcuni calcoli e indicare nel riquadro il risultato ottenuto. È fondamentale leggere sempre con attenzione le consegne ed osservare attentamente eventuali grafici o figure.

D1. In un paese gli studenti vanno a scuola a piedi, in bicicletta o in automobile. Quelli che vanno a scuola in bicicletta sono 27 e rappresentano il 15% del totale degli studenti.

Gli studenti che vanno a scuola a piedi sono 9. Quale percentuale rappresentano questi 9 studenti rispetto al totale degli studenti della scuola?

Risposta: [ ] **%**

PER RISPONDERE Hai due possibilità.

- Puoi risolvere con un ragionamento di tipo proporzionale: se 27 alunni rappresentano il 15%, 9 alunni, che corrispondono a 1/3 di 27, equivalgono al 5%, cioè 1/3 di 15%.
- Oppure puoi risolvere il problema calcolando, con una proporzione, il totale degli studenti

$$27 : x = 15 : 100$$
$$x = 27 \cdot 100 : 15 = 180$$

e poi calcolare, sempre con una proporzione, a quale percentuale di 180 corrispondono i 9 studenti che vanno a piedi

$$9 : 180 = x : 100$$
$$x = 9 \cdot 100 : 180 = 5$$

La risposta corretta è 5%

D2. Il grafico in figura mostra i litri di benzina consumati in media da un'automobile per percorrere 100 km, a seconda della sua velocità.

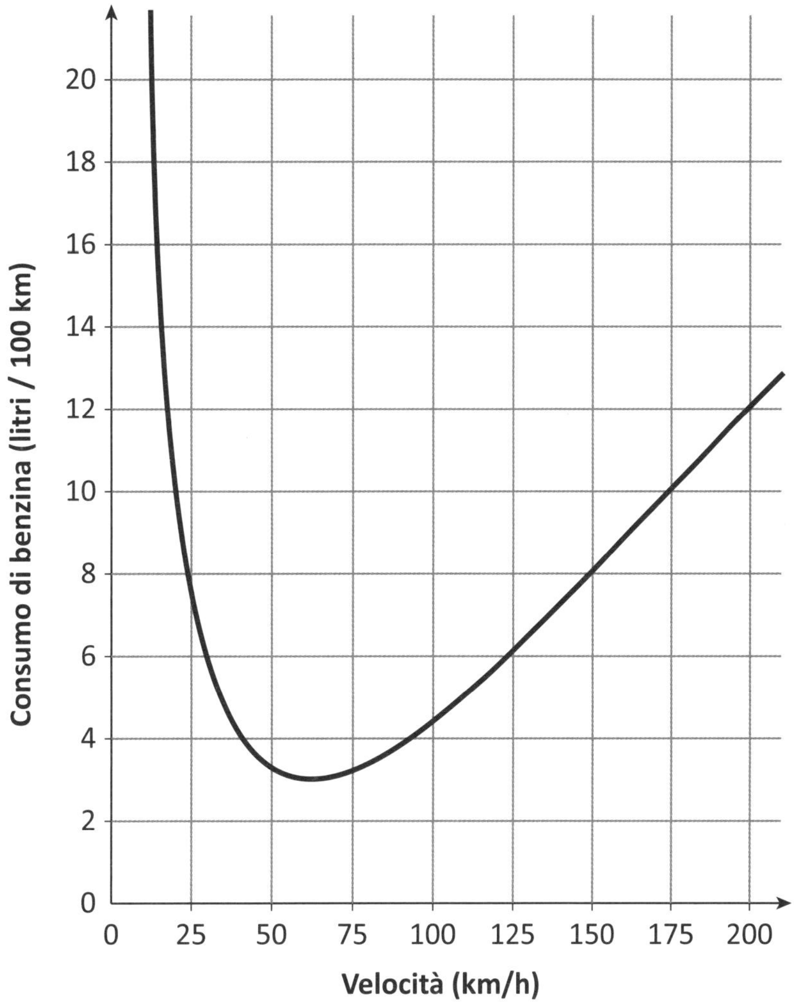

In base al grafico, a quale velocità si deve viaggiare per consumare meno carburante possibile?

Risposta: circa ☐ km/h

PER RISPONDERE Devi osservare attentamente il grafico per poterlo interpretare correttamente. Il minor consumo di benzina corrisponde alla zona di minimo del grafico, si tratta quindi di leggere il valore corrispondente sull'asse delle x.

La risposta corretta è 65

(qualunque valore compreso fra 50 e 75, estremi esclusi)

D3. **Il grafico in figura mostra i litri di benzina consumati in media da un'automobile per percorrere 100 km, a seconda della sua velocità.**

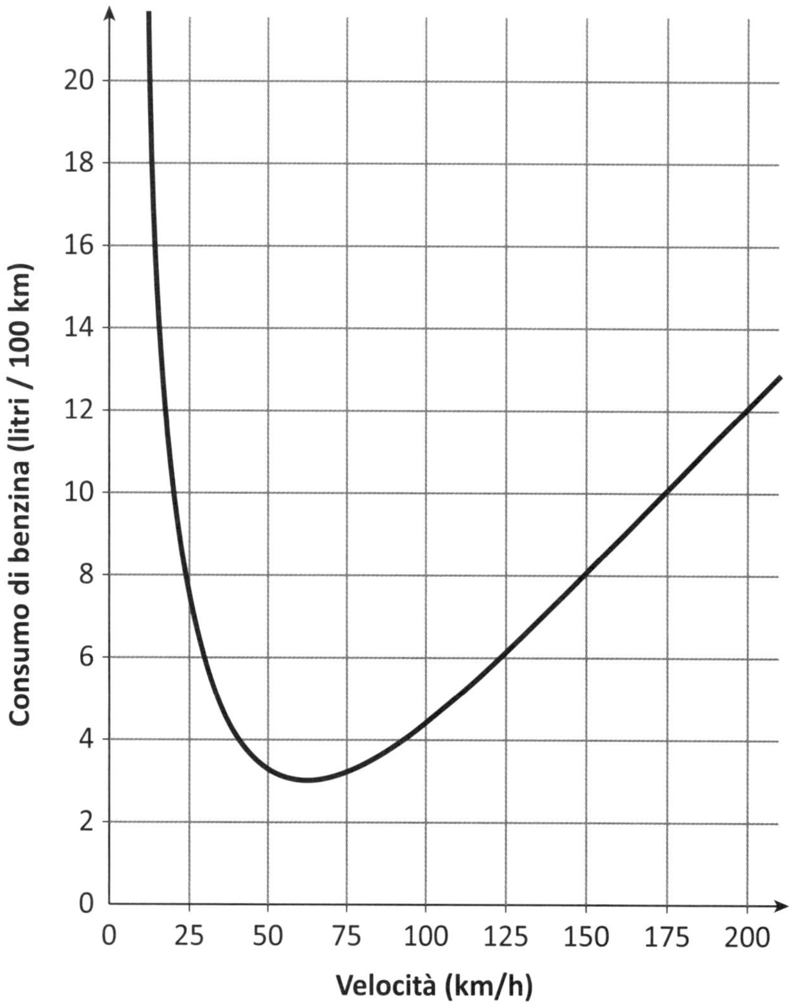

Facendo riferimento al grafico, indica se ciascuna delle seguenti affermazioni è vera (V) o falsa (F).

		V	F
1	Per velocità minori di 50 km/h, se la velocità media diminuisce anche il consumo medio diminuisce	☐	☐
2	Il consumo medio di carburante alla velocità di 25 km/h è circa lo stesso di quello alla velocità di 150 km/h	☐	☐
3	Alla velocità di 200 km/h si ha il massimo consumo medio di carburante	☐	☐

PER RISPONDERE Ti viene richiesta una lettura ancora più attenta del grafico.

1. Nella parte iniziale del grafico (fino a 50km/h) all'aumentare della velocità il consumo di benzina diminuisce. **FALSO**
2. Devi trovare i due punti del grafico corrispondenti ai valori richiesti di velocità: 25 km/h e 150 km/h e osservare che in entrambi i casi, il corrispondente valore è 8 litri/100 km sull'asse delle y. **VERO**
3. Alla velocità di 200 km/h corrisponde un valore sull'asse delle y che non è il più elevato, quindi alla velocità massima non corrisponde sempre il massimo consumo di carburante. **FALSO**

D4. **La tombola è un gioco in cui si estraggono i numeri da 1 a 90 uno alla volta. Un numero non può essere estratto più volte.**
Ogni giocatore ha una cartella con tre righe da cinque numeri ciascuna.
I numeri di ogni cartella vengono coperti quando sono estratti.
Dopo 20 estrazioni Samuele ha coperto 5 numeri nella sua cartella, come puoi vedere nella figura qui sotto.

Qual è la probabilità che Samuele faccia terno (tre numeri coperti sulla stessa riga) alla successiva estrazione?

A. ☐ $\frac{6}{70}$ B. ☐ $\frac{3}{70}$ C. ☐ $\frac{3}{90}$ D. ☐ $\frac{6}{90}$

PER RISPONDERE Devi ricordare che la probabilità di un evento è il rapporto tra i casi favorevoli e i casi possibili e tener conto che sono già state effettuate 20 estrazioni, quindi i casi possibili (denominatore della frazione) sono 70 e non più 90 per cui si possono escludere le risposte C. e D.
Per calcolare la probabilità che Samuele faccia terno, basta contare il numero di caselle rimaste scoperte nelle prime due righe della cartella, dove già due sono coperte per cui è sufficiente che uno di quei numeri scoperti esca per poter fare terno. Questi numeri sono 6.

La risposta corretta è A

D5. **Dalla terrazza panoramica dell'albergo "IL FARO" si possono vedere tutti gli ombrelloni disposti sulla spiaggia, come mostra la figura qui sotto.**

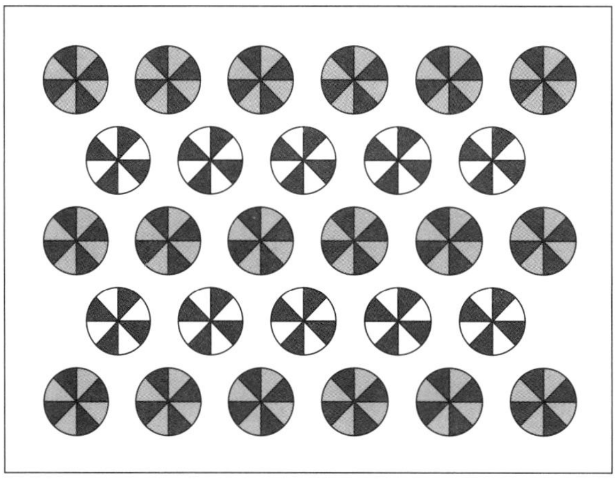

Il bagnino può sistemare fino a due lettini per ciascun ombrellone.

Il primo di maggio il bagnino ha messo sotto ogni ombrellone <u>almeno</u> un lettino. In tutto ha sistemato 38 lettini.

Sotto quanti ombrelloni ha messo due lettini?

Risposta: [ ] ombrelloni

PER RISPONDERE Devi capire il significato del quantificatore "almeno" presente nel testo del problema: è sottolineato perchè molto importante.
Devi procedere così:

- contare gli ombrelloni, sono 28;
- sottrarre da 38, che rappresenta il numero totale dei lettini, il numero 28 che rappresenta il numero degli ombrelloni che hanno "almeno" un lettino. Gli altri, di conseguenza, ne hanno due.

La risposta corretta è 10

D6. **Francesco esegue nell'ordine le seguenti operazioni:**

1) scrive il numero 5
2) lo raddoppia
3) aggiunge 6
4) divide per 2
5) sottrae 5

Quale delle seguenti espressioni traduce correttamente la sequenza delle operazioni fatte da Francesco?

A. ☐ $(5 \cdot 2 + 6) : 2 - 5$
B. ☐ $5 \cdot 2 + 6 : 2 - 5$
C. ☐ $5 + 10 + 6 : 2 - 5$
D. ☐ $5 \cdot 2 + 6 : (2 - 5)$

PER RISPONDERE Devi leggere con attenzione le cinque indicazioni e ricordare le regole studiate in prima media per risolvere un'espressione: qual è l'ordine di esecuzione delle operazioni e l'uso e il significato delle parentesi. Devi soprattutto ricordare che se tra il passaggio 3) e 4) non ci fosse una parentesi, dovresti dividere per 2 solamente il 6.

La risposta corretta è A

D7. Questi sono gli orari di arrivo alla stessa fermata di tre linee di autobus.

Linea A	Linea B	Linea C
13:07	13:10	13:05
13:22	13:30	13:35
13:37	13:50	
13:52		

Giovanni, per tornare a casa, può prendere solo l'autobus della linea C. Quando arriva alla fermata, vede partire l'autobus delle 13:05. Quanti altri autobus vede passare Giovanni prima che arrivi il successivo autobus della linea C?

A. ☐ 1
B. ☐ 2
C. ☐ 3
D. ☐ 4

PER RISPONDERE Devi saper leggere e interpretare una tabella. Leggi con attenzione la consegna "...vede partire l'autobus delle 13.05. Quanti altri autobus vede passare..."
È fondamentale "altri", quindi non devi contare quello delle 13.05 e devi considerare quelli delle linee A e B.

La risposta corretta è D

D8. **Per tenere aperte le porte a volte si usano dei cunei di legno come quello in figura. Lo spigolo *a* è perpendicolare allo spigolo *b* e allo spigolo *d*.**

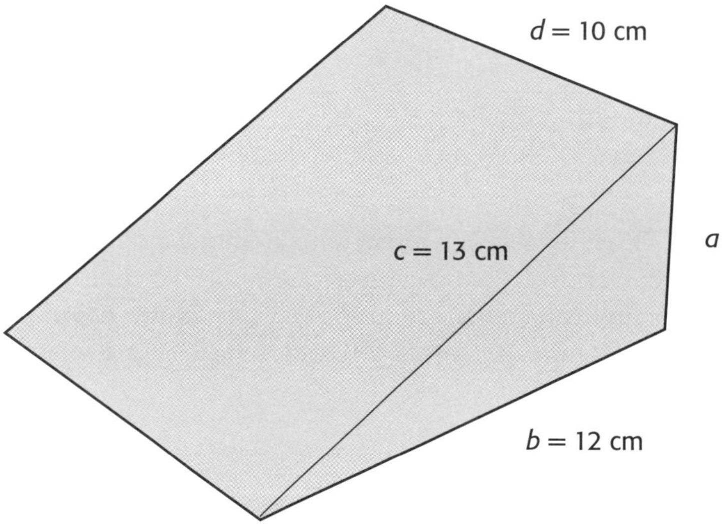

Due cunei come quello in figura vengono incollati in modo da formare un parallelepipedo rettangolo. Quali sono le dimensioni del parallelepipedo così ottenuto?

A. ☐ 12 cm; 10 cm; 5 cm
B. ☐ 13 cm; 12 cm; 5 cm
C. ☐ 26 cm; 24 cm; 10 cm
D. ☐ 24 cm; 20 cm; 10 cm

PER RISPONDERE Devi leggere con attenzione il testo osservare bene la figura.
È fondamentale l'informazione "lo spigolo *a* è perpendicolare allo spigolo *b* e allo spigolo *c*" e anche "immaginare" i due cunei incollati in modo da formare il parallelepipedo.
Se non riesci a visualizzare come viene il parallelepipedo puoi provare a completare il disegno con il secondo cuneo.
A questo punto ti accorgi che le dimensioni del parallelepipedo sono *b*, *d*, *a* e che l'unica misura che ti manca è *a*. La dimensione *a* è il cateto minore del triangolo che ha l'ipotenusa di 13 cm e un cateto di 12 cm. Applicando il teorema di Pitagora trovi:

$\sqrt{13^2 - 12^2} = \sqrt{169 - 144} = \sqrt{25} = 5$ cm

La risposta corretta è A

D9. **Un irrigatore è un dispositivo che distribuisce acqua alle piante. Il grafico in figura rappresenta la relazione tra la distanza di una pianta dall'irrigatore e la quantità di acqua fornita (per unità di superficie).**

Quanti millimetri di acqua all'ora (mm/h) riceve una pianta posta a 2 metri dall'irrigatore?

Risposta: ☐ mm/h

PER RISPONDERE Devi saper leggere un grafico, applicato a una situazione pratica, e ricavare da esso le informazioni.

Devi partire dal valore 2 metri (x) sull'asse delle ascisse, determinare il punto sulla retta e leggere sull'asse delle ordinate qual è il corrispondente valore (y) quantità d'acqua fornita.

La risposta è 15 mm/h

D10. **Quaranta alunni hanno svolto una prova di Italiano e una di Matematica. In tabella sono riportate le frequenze dei voti ottenuti in ciascuna delle due prove: ad esempio, 5 alunni hanno ottenuto come voti 8 in Italiano e 6 in Matematica.**

		ITALIANO			
		VOTO 5	VOTO 6	VOTO 7	VOTO 8
MATEMATICA	VOTO 5	0	0	2	0
	VOTO 6	2	7	1	5
	VOTO 7	2	1	3	9
	VOTO 8	0	1	7	0

Quanti alunni hanno preso gli stessi voti in Italiano e in Matematica?

Risposta: ☐ alunni

PER RISPONDERE Devi saper interpretare una tabella a doppia entrata e leggere con molta attenzione il testo, perché è presente un esempio che ti può essere di aiuto.
Quello che ti è richiesto è di individuare le caselle che corrispondono ad un voto uguale nelle due materie, cioè 5 di Italiano e 5 anche di Matematica, 6 di Italiano e anche 6 di Matematica, oppure 7 e 7, o ancora 8 e 8.

		ITALIANO			
		VOTO 5	VOTO 6	VOTO 7	VOTO 8
MATEMATICA	VOTO 5	~~0~~	0	2	0
	VOTO 6	2	~~7~~	1	5
	VOTO 7	2	1	~~3~~	9
	VOTO 8	0	1	7	~~0~~

Trascrivi quindi le frequenze riportate nelle caselle attraversate dalla diagonale e ricavi la risposta.

Risposta: 0 + 7 + 3 + 0 = **10 alunni**

D11. **La figura riproduce un famoso disegno di Leonardo da Vinci in cui l'immagine di un uomo è inserita in un quadrato e in un cerchio.**

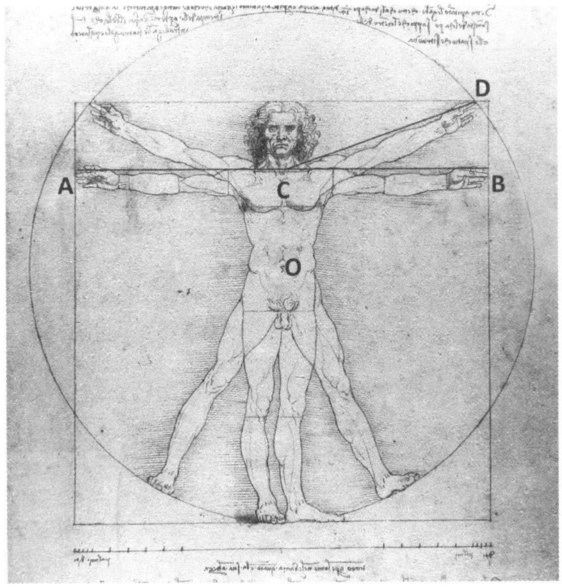

Indica se ciascuna delle seguenti affermazioni è vera (V) o falsa (F).

		V	F
1	La massima apertura AB delle braccia è uguale al diametro del cerchio	☐	☐
2	L'altezza dell'uomo raffigurato è uguale al lato del quadrato	☐	☐
3	La lunghezza CD è uguale alla lunghezza del raggio della circonferenza	☐	☐
4	Nella figura, il quadrato è inscritto nel cerchio	☐	☐

PER RISPONDERE

Devi osservare con attenzione la figura, i conoscere termini riferiti al cerchio, al quadrato e che cosa significa che è un poligono "è inscritto nel cerchio".

Se sei in difficoltà traccia un diametro (il centro della circonferenza è indicato con O).

1. Come puoi vedere, l'apertura delle braccia AB corrisponde al lato del quadrato, quindi non è il diametro del cerchio **FALSA**
2. La figura dell'uomo è inscritta nel quadrato e la sua altezza è uguale al lati, pertanto l'affermazione è **VERA**
3. Il raggio corrisponde a OD e CD ha una lunghezza minore, quindi l'affermazione è **FALSA**
4. Devi ripensare alla definizione di poligoni inscritti: un poligono è inscritto in una circonferenza se i suoi vertici appartengono alla circonferenza. I vertici del quadrato disegnato da Leonardo non appartengono alla circonferenza quindi l'affermazione è **FALSA**

D12. **La figura riproduce un famoso disegno di Leonardo da Vinci in cui l'immagine di un uomo è inserita in un quadrato e in un cerchio.**

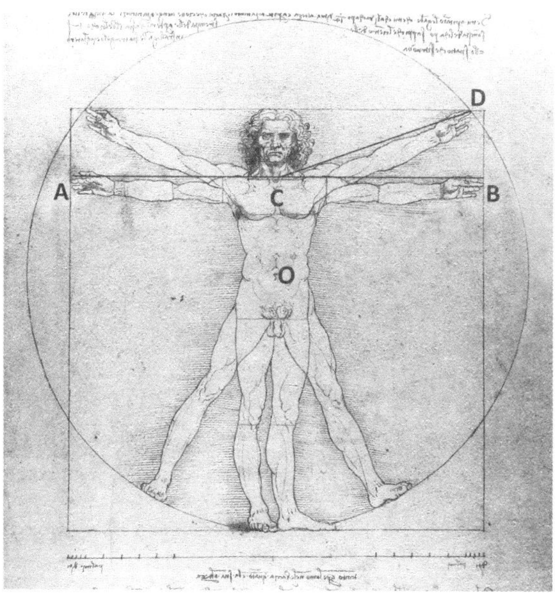

Il disegno di Leonardo da Vinci rappresenta le proporzioni ideali del corpo umano. Secondo questo modello la lunghezza delle varie parti del corpo è in relazione con l'altezza, per esempio:

- **lunghezza testa = $\frac{1}{8}$ dell'altezza**
- **lunghezza mano = $\frac{1}{10}$ dell'altezza**
- **lunghezza piede = $\frac{1}{7}$ dell'altezza**

Lucia è alta 150 cm. Secondo il modello di Leonardo, quale dovrebbe essere la lunghezza della sua mano?

Risposta: ☐ cm

PER RISPONDERE Per rispondere devi saper usare le frazioni come operatori su grandezze.

Devi calcolare la lunghezza della mano che corrisponde a $\frac{1}{10}$ dell'altezza di Lucia, quindi conosci l'intero e devi calcolare la parte.

La risposta è $150 \times \frac{1}{10} =$ **15 cm**

D13. Lo Iodio 131 dimezza la sua massa ogni 8 giorni per decadimento radioattivo.

In un laboratorio ci sono 2 grammi di *Iodio 131*. Quanti grammi ci saranno fra 16 giorni?

Risposta: ☐ g

PER RISPONDERE Devi prestare attenzione alla consegna "lo Iodio131 dimezza la sua massa in 8 giorni". C'è quindi da ragionare su due grandezze: giorni e massa. Puoi dare la risposta pensando che in 16 giorni lo Iodio si dimezzerà due volte, quindi al raddoppiare del tempo, la massa diminuirà di 4 volte.

La risposta è: 0,5 g

D14. Il ristorante "La Baia dei Re" offre un menu completo a prezzo fisso, con la possibilità di scegliere tra tre primi, due secondi e due dolci.

Ristorante "La Baia dei Re"

Menu a prezzo fisso: 25 euro

PRIMO:
Spaghetti allo scoglio
Linguine al pesto
Risotto alla pescatora

SECONDO:
Fritto misto
Rombo alla griglia

DOLCE:
Sorbetto al limone
Crema catalana

Quanti diversi menu completi (un primo, un secondo e un dolce) al massimo si possono comporre?

A. ☐ 12 B. ☐ 2 C. ☐ 9 D. ☐ 6

PER RISPONDERE Devi calcolare tutte le combinazioni possibili, considerando prima gli spaghetti e combinandoli con i due secondi e quindi con i due dolci.

Ad es. spaghetti + fritto + sorbetto
spaghetti + fritto + crema catalana
spaghetti + rombo + sorbetto
spaghetti + rombo + crema catalana
in totale 4 diverse combinazioni

Poiché i primi sono di tre tipi si potranno avere: $4 \times 3 = 12$ combinazioni

La risposta corretta è A

D15. **In figura sono rappresentati:**

- **la retta dei numeri sulla quale è stato disegnato un quadrato;**
- **un arco TA di circonferenza di centro P e raggio PT.**

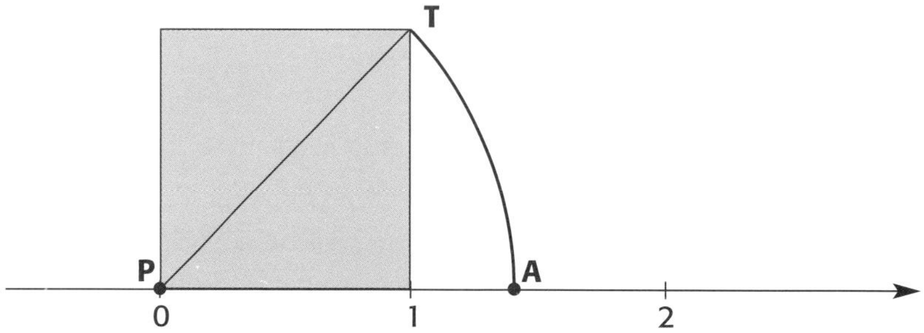

Completa la frase.

Il punto A sulla retta dei numeri corrisponde al numero $\sqrt{.....}$

PER RISPONDERE Devi osservare con attenzione la figura e vedere che il raggio del cerchio PT è la diagonale del quadrato. Applicando il teorema di Pitagora puoi facilmente calcolare che

$PT = \sqrt{1^2 + 1^2} = \sqrt{2}$

Ora devi mettere in relazione il dato geometrico trovato alla retta dei numeri.

Il punto A sulla retta dei corrisponde al numero $\sqrt{2}$

D16. **Un vasetto di yogurt è ottenuto mescolando per il 90% yogurt bianco e per il 10% marmellata. La marmellata è costituita dal 60% di frutta e dal 40% di zuccheri aggiunti.**

Qual è la percentuale di frutta nel vasetto?

A. ☐ 6% B. ☐ 10% C. ☐ 54% D. ☐ 60%

PER RISPONDERE Puoi usare due metodi:

1) Calcolare il 60% del 10%: puoi considerare la percentuale come una frazione che ha denominatore 100 e sapendo che trovare la frazione di una frazione significa moltiplicare le due frazioni considerate, puoi svolgere il seguente calcolo:

$$\frac{60}{100} \text{ di } \frac{10}{100} = \frac{60}{100} \cdot \frac{10}{100} = \frac{6}{100}$$

2) Puoi anche considerare che la percentuale inferiore al 10% (percentuale di marmellata nello yogurt) tra quelle fornite è il 6%.

La risposta corretta è A

D17. Il seguente grafico rappresenta alcune caratteristiche fisiche di tre laghi.

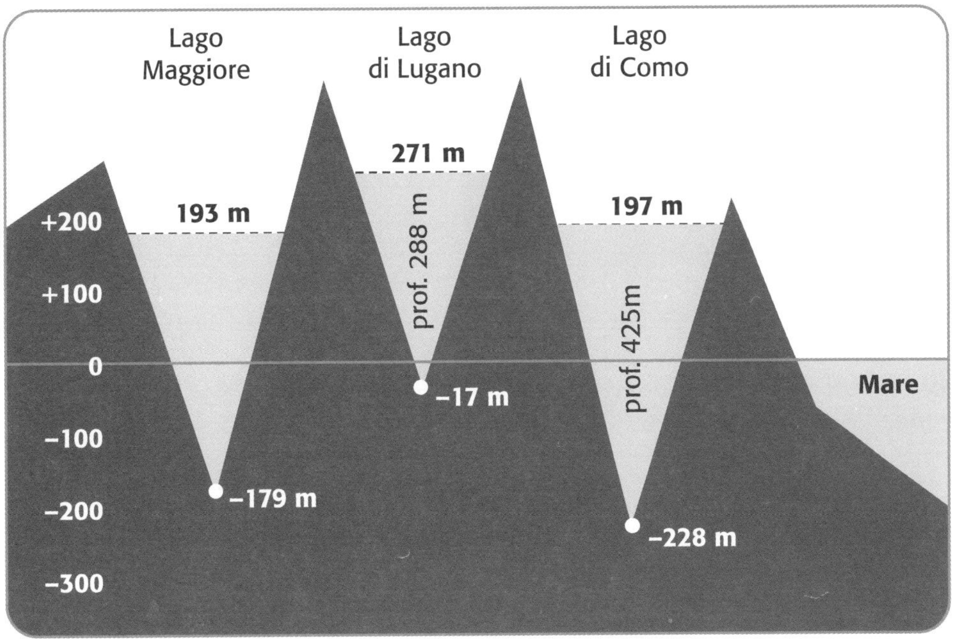

Indica se ciascuna delle seguenti affermazioni è vera (V) o falsa (F).

		V	F
a.	La linea dello zero rappresenta il livello del mare	☐	☐
b.	La profondità del Lago Maggiore è 372 m	☐	☐
c.	La differenza di altitudine tra la superficie del lago di Lugano e quella del lago di Como è di 74 m	☐	☐
d.	Il punto più profondo del Lago di Como è 228 m al di sotto del punto più profondo del Lago di Lugano	☐	☐
e.	La superficie del Lago di Como è a 425 m sopra il livello del mare	☐	☐

PER RISPONDERE Devi osservare bene il grafico:

a. In linea con il numero 0, c'è scritto "Mare", quindi l'affermazione è **VERA**

b. La profondità del lago Maggiore si può calcolare come differenza tra l'altitudine della superficie = 193 m e quella del fondale = –179 m, quindi l'operazione che permette di trovare il risultato è: 193 – (–179) = 372, quindi l'affermazione è **VERA**

c. Allo stesso modo la differenza fra l'altitudine delle superfici del lago di Lugano e di Como è ottenuta come 271 – 197 = 74, quindi l'affermazione è **VERA**

d. Nel caso del lago di Lugano devi fare attenzione al fatto che il lago di Lugano è a profondità –17, quindi la differenza col punto più profondo del lago di Como non può essere –228. Si può anche verificare con lo stesso procedimento usato prima, –17 – (–228) = 211 anche se in realtà non è necessario alcun calcolo, quindi l'affermazione è **FALSA**

e. Anche l'ultimo punto non richiede calcoli, ma basta osservare bene il grafico, che indica 197 m; occorre non farsi trarre in inganno dal numero 425 m che indica la profondità, quindi l'affermazione è **FALSA**

D18. Nella tabella sono riportati i dati relativi alla raccolta differenziata dei rifiuti nelle province liguri dal 2009 al 2012. I dati sono forniti in chilogrammi per abitante.

Raccolta differenziata (kg/abitante)				
	2009	**2010**	**2011**	**2012**
Imperia	152,9	184,7	143,1	119,0
La Spezia	160,0	167,9	182,3	184,4
Genova	128,2	153,0	172,3	178,9
Savona	194,0	122,2	119,3	119,7

Con i dati della tabella è stato costruito il seguente grafico.
Completa la legenda del grafico.

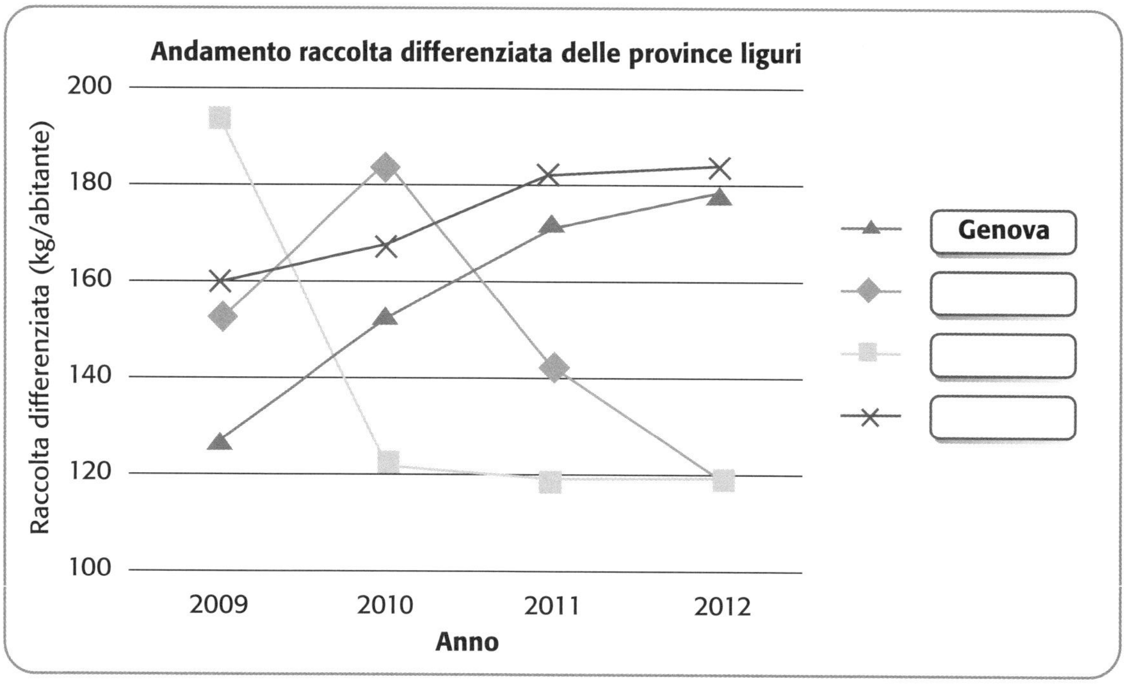

PER RISPONDERE Devi mettere in relazione due rappresentazioni diverse degli stessi dati, cioè la tabella e il grafico.

Puoi usare due metodi.

1) Partendo dal 2009, tralasciando Genova, che è l'unica città già indicate nella legenda, osservi che La Spezia ha raccolto 160,0 kg / abitante e quindi sul grafico vedi che la linea contrassegnata da una crocetta corrisponde esattamente a quella provincia. Per la scelta delle altre due province, Savona e Imperia, puoi osservare, senza guardare i singoli valori, che Savona ha il valore più alto, sempre nel 2009, quindi non può che essere rappresentata dalla linea contrassegnata dal quadratino chiaro.

2) In alternativa puoi confrontare gli andamenti della raccolta nel tempo, cioè leggere le righe della tabella. Savona è l'unica provincia con una forte diminuzione dal 2009 al 2010 e quindi la linea che la rappresenta è quella contrassegnata dal quadratino chiaro.

Oltre a Genova, La Spezia è l'unica provincia che non presenta brusche diminuzioni, quindi osservando il grafico, le corrisponde la linea su cui ci sono le crocette.

La risposta corretta è

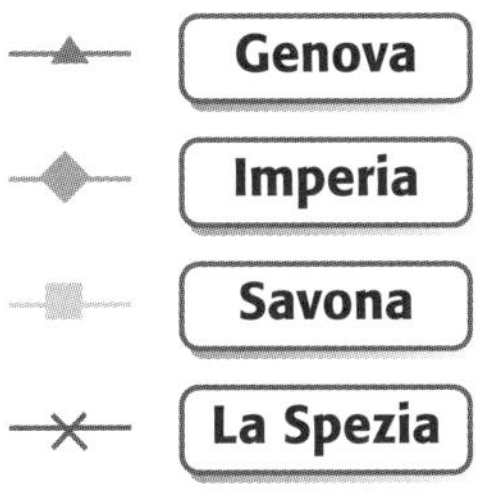

D19. Per formare il parallelepipedo che vedi in figura si incollano tra loro tre cubi uguali di spigolo *a*.

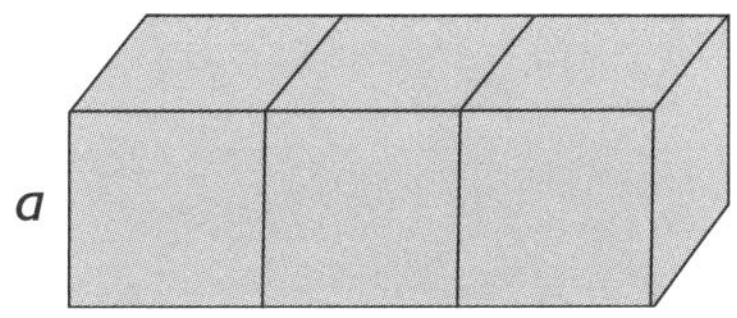

Qual è la superficie totale del parallelepipedo così ottenuto?

A. ☐ $6a^2$
B. ☐ $7a^2$
C. ☐ $14a^2$
D. ☐ $18a^2$

PER RISPONDERE Devi osservare attentamente quante facce dei cubi concorrono a formare la superficie totale del parallelepipedo rettangolo.
Una volta individuate, devi applicare la formula dell'area del quadrato, cioè:

$$A = l^2$$

Sostituire l con a e moltiplicare per il numero trovato prima.
Quindi essendo 14 le facce,

$$A = 14\,a^2$$

La risposta corretta è C

D20. Per calcolare il voto *V* di laurea in alcune facoltà viene applicata la seguente formula:

$$V = \frac{M}{3} \cdot 11 + T$$

dove:

- ***M* rappresenta la media dei voti (variabile da un minimo di 18 a un massimo di 30);**
- ***T* è il punteggio attribuito alla tesi di laurea (variabile da un minimo di 5 a un massimo di 11 punti).**

La media *M* dei voti di Pietro è 27. Pietro vuole ottenere almeno 105 come voto *V* di laurea.

Qual è il punteggio minimo *T* che Pietro dovrà ottenere nella tesi?

A. ☐ 5
B. ☐ 6
C. ☐ 8
D. ☐ 11

PER RISPONDERE Devi capire è utilizzare le informazioni presenti nel testo e sostituire i dati a, disposizione, nella formula. La tua incognita è *T*, quindi, dopo aver sostituito *M* con 27 e *V* con 105, puoi risolvere l'equazione:

$$105 = 27 : 3 \times 11 + T$$

$$T = 105 - 99 = 6$$

In alternativa puoi anche sostituire con i quattro valori forniti e trovare quale ti permette di ottenere $V = 105$.

La risposta corretta è B

D21. Osserva la figura.

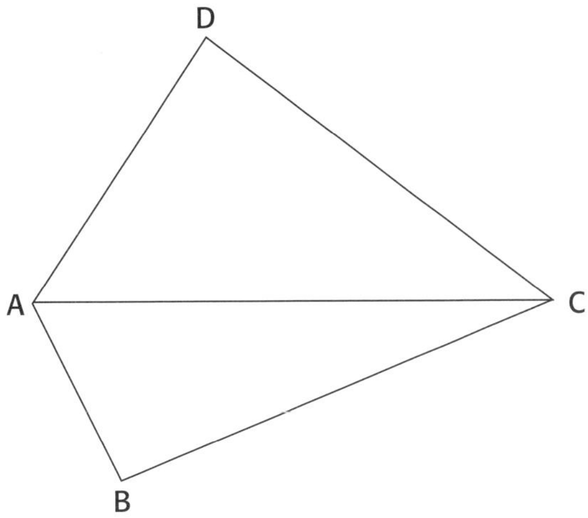

L'area del triangolo ABC è $\frac{2}{5}$ dell'area del quadrilatero ABCD.

Qual è il rapporto fra l'area del triangolo ACD e l'area del triangolo ABC?

A. ☐ 2:3
B. ☐ 3:2
C. ☐ 3:5
D. ☐ 5:3

PER RISPONDERE Occorre ricordare che una frazione è un rapporto e che la frazione complementare è quella frazione che sommata alla prima, dà come risultato l'intero, in questo caso $\frac{5}{5}$.

Quindi: l'area del triangolo ACD è $\frac{3}{5}$, cioè la frazione complementare di $\frac{2}{5}$ rispetto all'intero (area del quadrilatero ABCD), e, come si legge nel testo l'area del triangolo ABC è $\frac{2}{5}$ dell'area del quadrilatero ABCD.

Il rapporto tra i due triangoli si può scrivere:

$$\frac{3}{5} : \frac{2}{5} = \frac{3}{2}$$

La risposta corretta è B

D22. Osserva lo schema.

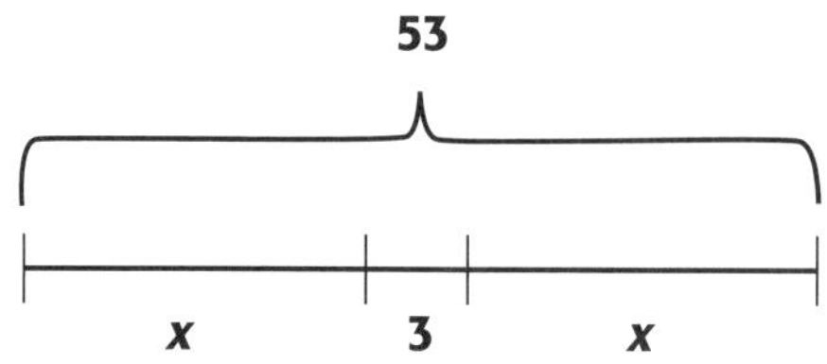

Quale delle seguenti equazioni può rappresentare lo schema?

A. ☐ $3 \cdot 2x = 53$
B. ☐ $x + 3x = 53$
C. ☐ $2x + 3 = 53$
D. ☐ $3 + x^2 = 53$

PER RISPONDERE Devi individuare l'equazione corrispondente allo schema in figura. È utile partire dall'osservazione che un numero o una lettera assegnati ad un segmento ne rappresentano la lunghezza e che sommare segmenti adiacenti significa sommare le lunghezze dei singoli segmenti.
Poi occorre trasformare:

$$x + 3 + x$$

in

$$2x + 3$$

e riconoscere nello schema il valore corrispondente alla somma dei tre segmenti adiacenti (53).

La risposta corretta è C

D23. **Nel grafico sono riportati i prezzi al litro della benzina e del gasolio nel mondo (in dollari americani).**

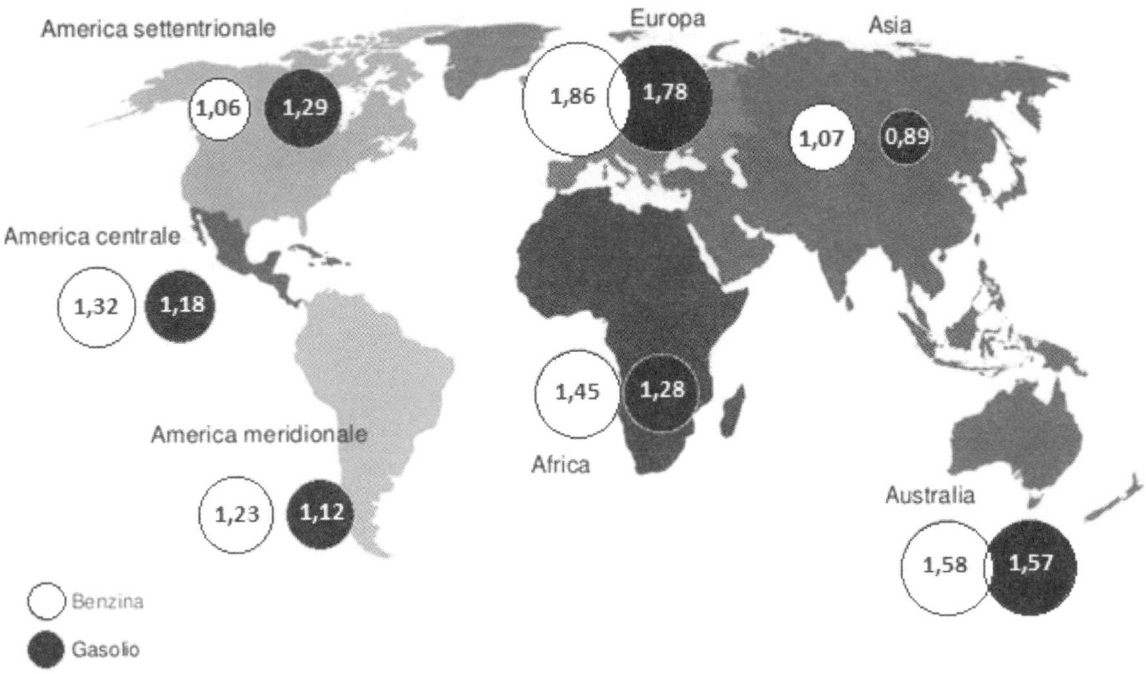

In quale parte del mondo la benzina ha il prezzo più basso?

Risposta: ______________________

PER RISPONDERE Devi esaminare con attenzione il cartogramma prestando attenzione ai valori scritti nei cerchi bianchi e saper confrontare i numeri decimali. Potrai facilmente rilevare che il numero decimale minore è 1,06, dunque

La risposta corretta è America Settentrionale

D24. **Due treni viaggiano uno verso l'altro con velocità costanti.**

Individua fra i seguenti grafici quello che descrive come varia la distanza fra i due treni al passare del tempo.

Grafico 1

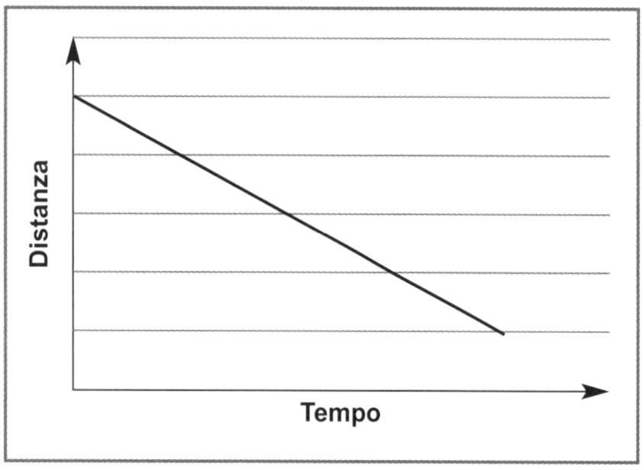

Grafico 2

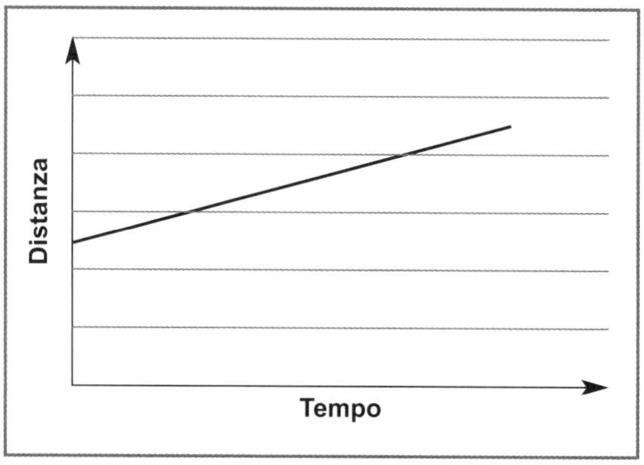

Grafico 3

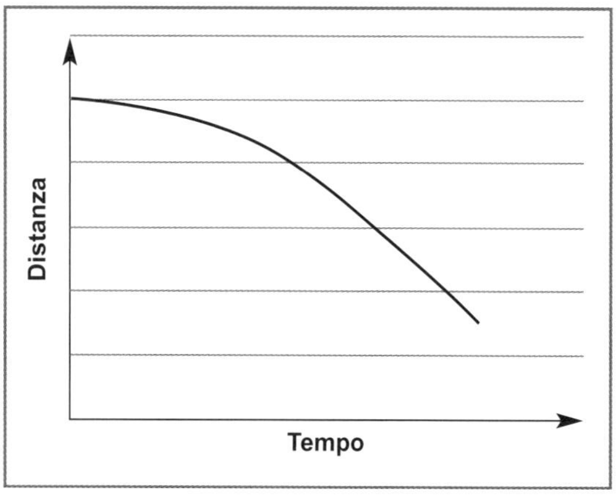

Grafico 4

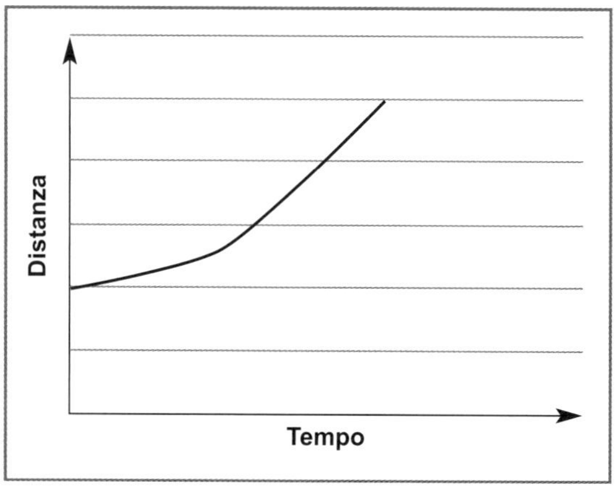

A. ☐ Grafico 1
B. ☐ Grafico 2
C. ☐ Grafico 3
D. ☐ Grafico 4

PER RISPONDERE Per prima cosa devi ricordare che la **velocità è data dal rapporto tra spazio e tempo**, la formula è:

$$V = \frac{s}{t}$$

puoi subito notare che i quattro grafici sono costruiti nel seguente modo: il tempo sull'asse delle x e la distanza (spazio) sull'asse delle y.
Per capire quale grafico descrive il fenomeno, leggi attentamente il testo: "**due treni viaggiano uno verso l'altro**", quindi la distanza tra i due treni diminuisce con il passare del tempo, perciò si possono scartare subito i grafici 2 e 4 dove la distanza aumenta all'aumentare del tempo.
Inoltre, considerato che i treni viaggiano a velocità costante la distanza diminuisce in modo costante, pertanto si può scartare il grafico 3 che invece rappresenta una diminuzione non costante.

La risposta corretta è A

D25. In un sacchetto ci sono solo 4 palline blu. Quante palline verdi si devono inserire nel sacchetto affinché la probabilità di estrarre una pallina verde sia $\frac{2}{3}$?

A. ☐ 2
B. ☐ 12
C. ☐ 6
D. ☐ 8

PER RISPONDERE Puoi usare due metodi:

1) Per tentativi: ad esempio provare come varia la probabilità di estrarre una pallina verde inserendo nel sacchetto prima 1, poi 2, poi 3, ecc. palline verdi, considerando anche le 4 palline blu presenti, la probabilità sarà:

Palline verdi	P(verde)
1	$\frac{1}{5}$
2	$\frac{2}{6} = \frac{1}{3}$
3	$\frac{3}{7}$
4	$\frac{4}{8} = \frac{1}{2}$
…	…

2) Oppure puoi considerare il fatto che se la probabilità di estrarre una pallina verde deve essere $\frac{2}{3}$, devi calcolare il totale delle palline, cioè i $\frac{3}{3}$, con l'operazione: $4 \times 3 = 12$.

Quindi il numero di palline verdi si trova calcolando i $\frac{2}{3}$ di $12 = 8$.

La risposta corretta è D

D26. **Nella seguente tabella sono riportate le longitudini e le latitudini di alcune città del mondo.**

Linea A	Linea B	Linea C
New York	74W	40N
Buenos Aires	58W	34S
Sydney	144E	37S
Pechino	116E	40N
Londra	0	51N
Città del Capo	18E	34S
Anchorage	150W	61N

Le piovosità medie nel mese di giugno delle città elencate in tabella sono rappresentate nel grafico da cerchi con centro in corrispondenza delle coordinate della città. L'area dei cerchi è proporzionale ai millimetri di pioggia caduti. Sull'asse orizzontale è riportata la longitudine, sull'asse verticale la latitudine.

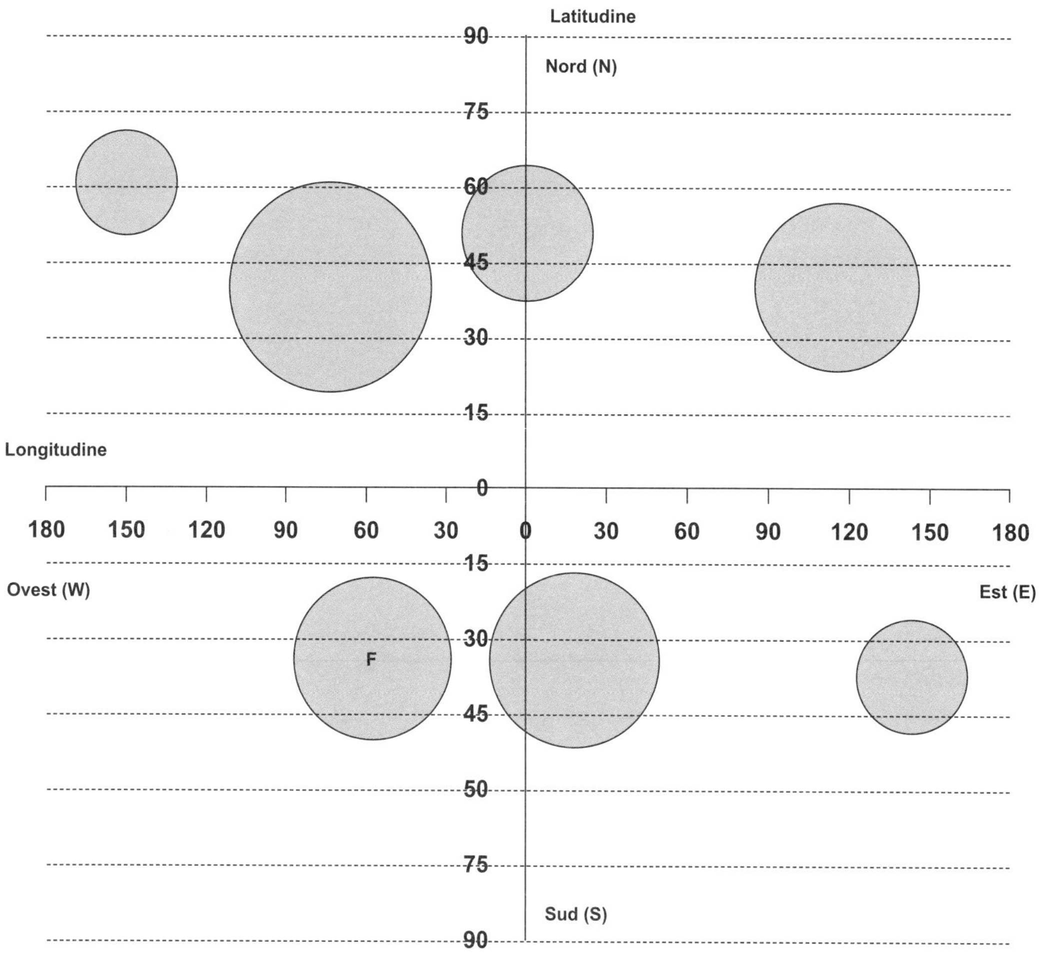

In quale dei seguenti elenchi le città sono ordinate dalla più piovosa alla meno piovosa?

A. ☐ Pechino – New York – Sydney
B. ☐ New York – Pechino – Sydney
C. ☐ Sydney – New York – Pechino
D. ☐ Sydney – Pechino – New York

PER RISPONDERE Per rispondere a questo quesito devi saper leggere una tabella, leggere un grafico e conoscere il metodo delle coordinate cartesiane.
È indispensabile leggere con attenzione i dati contenuti nella tabella che ti forniscono la latitudine e la longitudine di alcune città del mondo, ricordando che la latitudine si esprime con la misura in gradi accompagnata dall'indicazione Nord (N) e Sud (S), mentre la longitudine con l'indicazione Ovest (W) ed Est (E)
Osservare con molta attenzione il grafico relativo alla piovosità nelle città elencate, espressa in mm di pioggia caduti nella città elencate in tabella.
Stai attento! L'area dei cerchi è proporzionale alla quantità di pioggia caduta (mm).

Devi determinare quali cerchi corrispondono alle tre città Pechino, New York e Sidney.
Attento! Non occorre abbinare ad ogni città della tabella il cerchio corrispondente: perderesti solo tempo!
Pechino ha coordinate (116E; 40N) quindi si trova nel I° quadrante, New York (74W; 40N) quindi si trova nel II° quadrante e Sydney (144E; 37S) quindi si trova nel IV° quadrante.
A questo punto non ti resta che **confrontare le tre aree**. Il cerchio con area maggiore corrisponde a New York.

La risposta corretta è B

D27. **In Italia, secondo gli ultimi dati forniti dall'ISTAT, ci sono circa 600 automobili ogni 1 000 abitanti. Gli abitanti dell'Italia sono circa 60 milioni e un'automobile è lunga mediamente 4 metri.**

Immagina di posizionare tutte le automobili che ci sono in Italia una dietro l'altra, formando un'unica fila continua: quanti chilometri sarebbe all'incirca lunga questa fila?

A. ☐ Sarebbe all'incirca lunga come l'Italia (circa 1 000 km)
B. ☐ Sarebbe all'incirca lunga come la distanza tra l'Italia e gli USA (circa 6 000 km)
C. ☐ Sarebbe all'incirca lunga come l'equatore (circa 40 000 km)
D. ☐ Sarebbe all'incirca lunga come il diametro del pianeta Giove (circa 143 000 km)

PER RISPONDERE Devi eseguire i calcoli con attenzione e aver padronanza di moltiplicazioni e divisioni per 10, 100, 1 000, … .
Per calcolare quanto sarebbe all'incirca lunga un'unica fila continua formata da tutte le automobili che ci sono in Italia è necessario calcolare quante sono le automobili in Italia.
Puoi impostare una proporzione (problemi del tre semplice diretto) per trovare il numero di automobili su 60 000 000 di abitanti.

$1\,000 : 600 = 60\,000\,000 : x$

$$x = \frac{600 \times 60\,000\,\cancel{000}}{1\,\cancel{000}} = 36\,000\,000 \text{ n° automobili}$$

Se un'automobile è lunga mediamente 4 metri

$$36\,000\,000 \times 4 = 144\,000\,000 \text{ m}$$

Poiché nelle soluzioni proposte la misura è in km dovrai eseguire l'equivalenza

$$144\,000\,000 \text{ m} = 144\,000 \text{ km.}$$

La risposta corretta è D

D28. **Nel triangolo in figura il segmento AM congiunge il vertice A con il punto medio M del lato BC. Il triangolo risulta così diviso in due triangoli.**

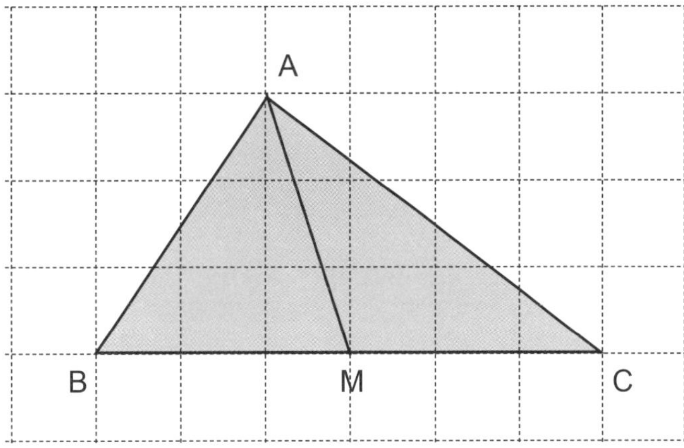

I due triangoli ABM ed AMC risultano tra loro equivalenti?

A. ☐ Sì, perché i triangoli ABM e AMC hanno una base e la relativa altezza di uguali lunghezze

B. ☐ Sì, perché il lato AM è in comune ai triangoli ABM e AMC

C. ☐ No, perché i triangoli ABM e AMC non sono congruenti

D. ☐ No, perché il segmento AM è la mediana relativa al lato BC del triangolo ABC

PER RISPONDERE Devi ricordare che "**due triangoli aventi le basi e le altezze congruenti sono equivalenti**". Fai molta attenzione perché il segmento AM tracciato in figura può trarre in inganno, in quanto non è l'altezza, bensì la mediana. Se tracci l'altezza relativa al lato BM e l'altezza relativa al lato MC ti sarà facile verificare che le due altezze coincidono. Poiché M è il punto medio anche le basi sono congruenti ($\overline{BM} = \overline{MC}$), quindi i due triangoli ABM e AMC sono congruenti.

La risposta corretta è A

D29. ***a* e *b* sono due numeri naturali.**

Indica se ciascuna delle seguenti affermazioni è vera (V) o falsa (F).

		V	F
1	Se a è un multiplo di 6 e b è un multiplo di 4, allora $a \times$ b è un multiplo di 8	☐	☐
2	Se a è un multiplo di 5 e b è un multiplo di 10, allora $a \times b$ è divisibile per 25	☐	☐
3	Se $a + b$ è pari, allora almeno uno dei due addendi, a oppure b, è pari	☐	☐
4	Se a è divisibile per 10, allora $a + 1$ è divisibile per 11	☐	☐

PER RISPONDERE Devi conoscere l'argomento "multipli e divisori di un numero naturale".

1. Puoi rispondere calcolando il prodotto tra i multipli di 6 e i multipli di 4.
   Es. $6 \times 4 = 24$ $12 \times 4 = 48$ $12 \times 8 = 96$
   Come puoi osservare 24 è multiplo di 8, quindi qualunque prodotto tra i multipli di 6 e 4, sarà anche multiplo di 8. **VERA**
2. $5 \times 10 = 50$
   50 è divisibile per 25. Dunque qualunque numero ottenuto dal prodotto tra multipli di 5 e 10 sarà divisibile per 25. Per verificare puoi calcolare
   $10 \times 10 = 100$ 100 è divisibile per 25
   Oppure $15 \times 20 = 300$ 300 è divisibile per 25. **VERA**
3. Puoi calcolare in questo modo
   a + b è pari se: "almeno uno dei due addendi è pari"
   $4 + 3 = 7$ $5 + 6 = 11$ $4 + 6 = 10$ $3 + 7 = 10$
   Come puoi verificare: non è sufficiente che almeno uno dei due numeri siano pari: i due numeri devono essere entrambi pari o entrambi dispari. **FALSA**
4. Può trarti in inganno poiché è vero che:
   se a = 10 allora $10 + 1 = 11$ che è divisibile per 11
   ma se provi a usare altri multipli di 10 ottieni:
   $20 + 1 = 21$ 21 non è divisibile per 11
   $30 + 1 = 31$ 31 non è divisibile per 11 **FALSA**

D230. **La seguente figura rappresenta il prato davanti alla casa di Paolo.**

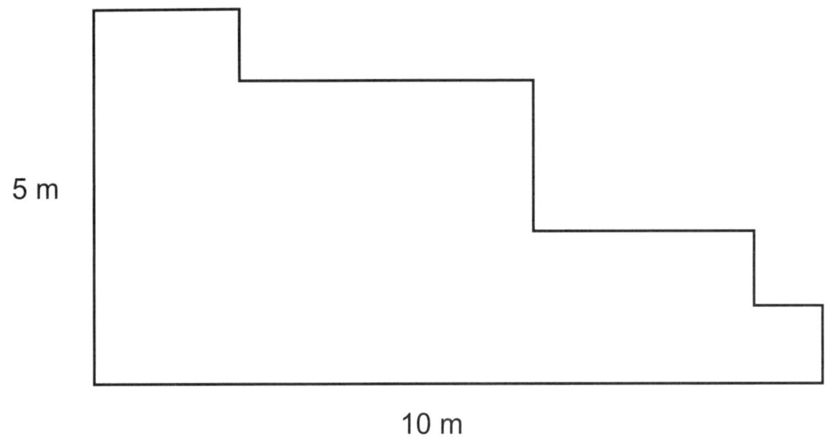

È possibile, con i dati a disposizione, calcolare il perimetro del prato?

A. ☐ Sì, misura 15 m
B. ☐ Sì, misura 30 m
C. ☐ Sì, misura 50 m
D. ☐ No, non si può calcolare

PER RISPONDERE Puoi "immaginare" di completare il rettangolo di dimensioni 5 m × 10 m rendendoti così conto che la lunghezza della spezzata corrisponde a quella della somma dei lati del rettangolo: 10 + 5 = 15 m, quindi il perimetro del rettangolo è 15 × 2 = 30 m.

La risposta corretta è B

PROVA 1

D1. **Il grafico indica quanti romanzi leggono gli alunni di una classe in un mese.**

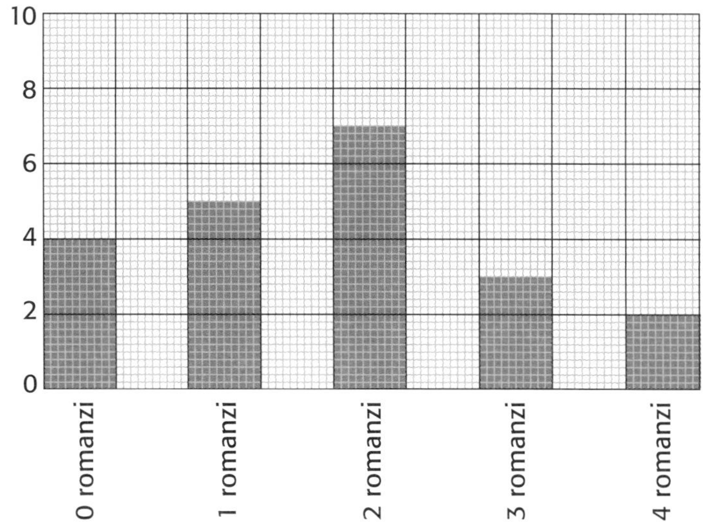

Quanti sono gli alunni che leggono almeno 2 romanzi?

A. ☐ 7
B. ☐ 9
C. ☐ 12
D. ☐ 19

D2. **Il grafico indica quanti romanzi leggono gli alunni di una classe in un mese.**

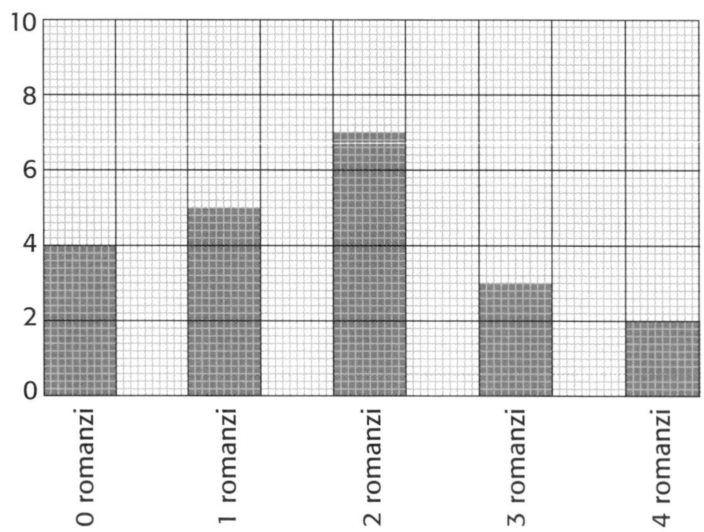

Qual è la media dei romanzi letti dagli alunni della classe in un mese?

☐

S D3. Osserva la figura e indica se le affermazioni sono vere o false

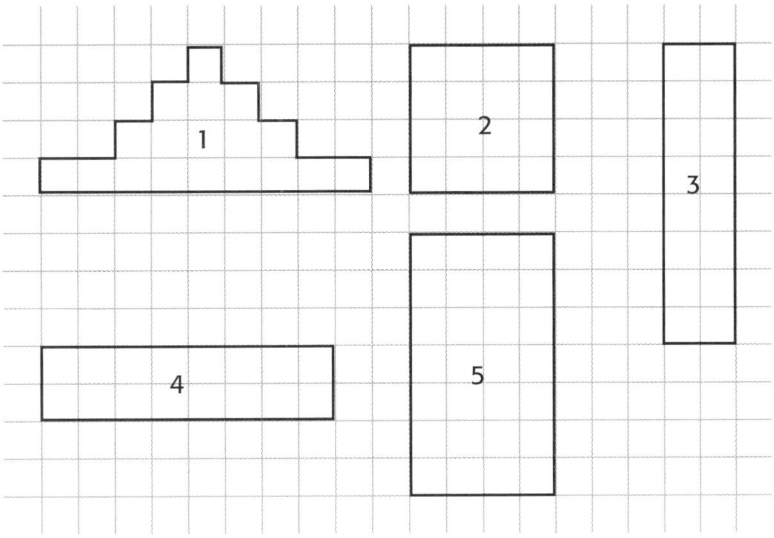

		V	F
a	Le figure 2 e 4 sono equivalenti	☐	☐
b	Le figure 3 e 4 sono congruenti	☐	☐
c	Le figure 1 e 5 sono isoperimetriche	☐	☐

R D4. In un rally automobilistico vi sono due checkpoints distanti 160 km. I piloti devono andare da un checkpoint all'altro esattamente in 2:30 ore per avere il massimo punteggio.
Considerando che la velocità è il rapporto tra lo spazio e il tempo, quale deve essere la velocità media a cui devono viaggiare le auto per ottenere il massimo punteggio?

☐

R D5. In un rally automobilistico vi sono due checkpoints distanti 160 km. I piloti devono andare da un checkpoint all'altro esattamente in 2:30 ore per avere il massimo punteggio.
Un pilota impiega un'ora per percorrere i primi 40 chilometri. Quale deve essere la velocità media nei rimanenti 120 chilometri se vuole ottenere il punteggio massimo?

☐

S D6. **Osserva la figura:**

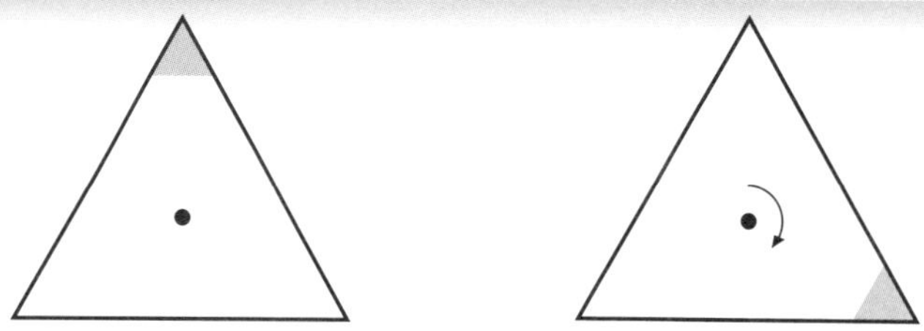

Il secondo triangolo è ruotato rispetto al primo di:

A. ▢ 120° B. ▢ 60° C. ▢ 180° D. ▢ 90°

N D7. **Quale delle seguenti espressioni traduce correttamente la sequenza di operazioni? "Moltiplica il quoziente tra 16 e 4 per la somma di 3 e 2".**

A. ▢ $16 : (4 \times 3) + 2$

B. ▢ $16 : 4 \times 3 + 2$

C. ▢ $(16 : 4) \times (3 + 2)$

D. ▢ $16 : (4 \times 3 + 2)$

S D8. **Osserva il disegno dello scivolo al parco giochi:**

Quanto misura l'angolo $\hat{B}$?

A. ▢ 30°

B. ▢ 45°

C. ▢ 150°

D. ▢ 90°

S D9. **Osserva il disegno dello scivolo al parco giochi:**

Quanto è lunga la scaletta? (lato a)

☐

N D10. **Quando il ghiaccio si scioglie, cioè passa dallo stato solido a quello liquido, diminuisce il suo volume di circa il 10%. Quale volume occuperà un cubo di ghiaccio con volume di 1 m^3, dopo che si sarà sciolto?**

☐

D D11 **La tabella mostra il numero di ingressi in un cinema durante una settimana estiva:**

Qual è la media degli ingressi?

☐

Giorno	n. di ingressi
Lunedì	58
Martedì	62
Mercoledì	26
Giovedì	66
Venerdì	80
Sabato	94
Domenica	83

S D12. **Osserva il disegno dello scivolo al parco giochi:**

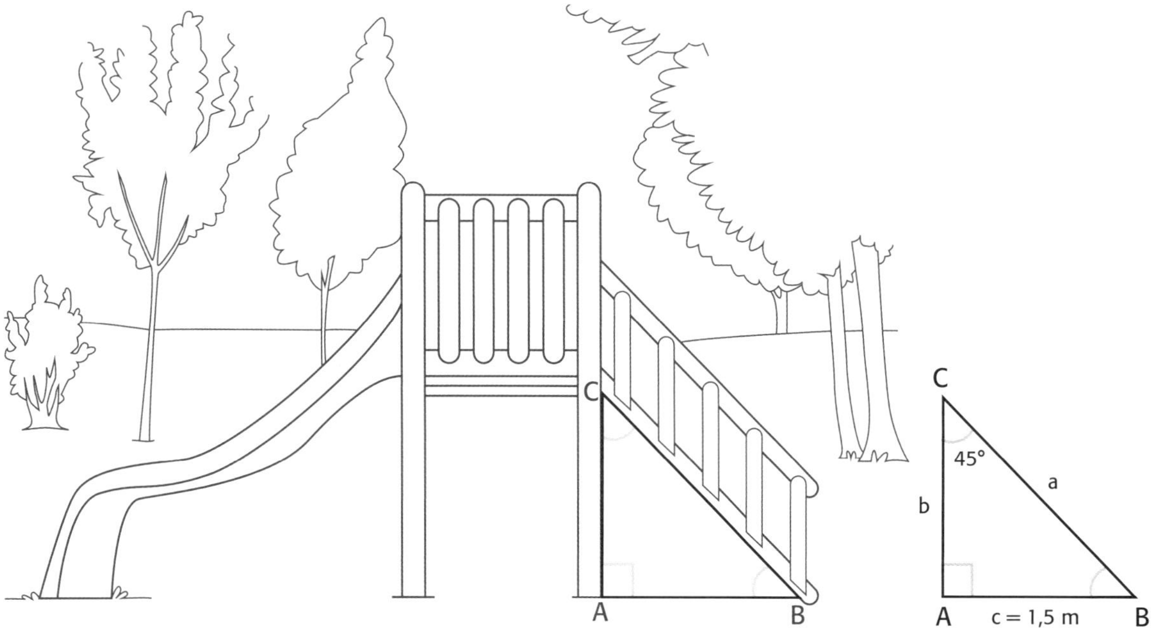

Quanto è alta la scaletta? (lato b)

A. ☐ 1,5 m
B. ☐ 3 m
C. ☐ 2,6 m
D. ☐ Non si può determinare

N D13. **Alla proporzione 2 : 4 = 3 : 6 è stata applicata la proprietà del comporre. Quale proporzione si è ottenuta?**

A. ☐ $6 : 2 = 9 : 3$
B. ☐ $6 : 4 = 9 : 3$
C. ☐ $4 : 2 = 6 : 3$
D. ☐ $2 : 3 = 4 : 6$

N D14. **Carolina vuole andare in treno da Milano a Venezia, Stazione di Mestre, e può partire solo dopo le 19. La tabella mostra gli orari di partenza dalla stazione di Milano Centrale e gli orari di arrivo a Venezia Mestre di alcuni treni.**

18:15 Milano Centrale	**18:45** Milano Centrale	**19:15** Milano Centrale	**19:45** Milano Centrale	**20:15** Milano Centrale
20:28 Venezia Mestre	**20:58** Venezia Mestre	**21:28** Venezia Mestre	**21:45** Venezia Mestre	**22:28** Venezia Mestre

Quale treno impiega meno tempo, tra quelli che può prendere?

Il treno delle: ☐

R D15. **Il grafico mostra come il numero di panini avanzati nel bar di Lorenzo (asse *y*), dipenda da numero di panini venduti (asse *x*).**

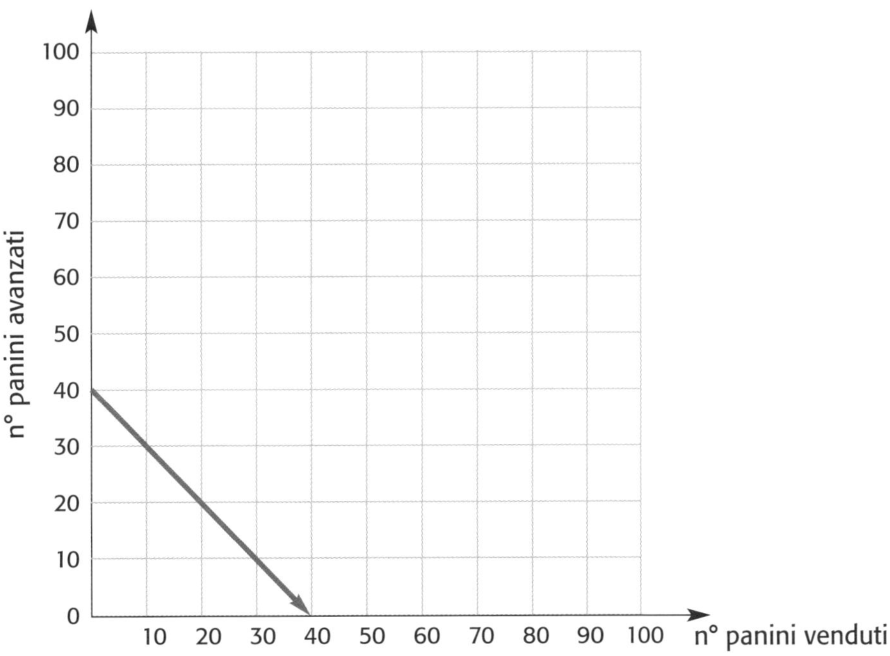

Quanti panini ha venduto Lorenzo, se ne gliene rimangono 10?

A. ☐ 30
B. ☐ 40
C. ☐ 20
D. ☐ 10

D D16. Il grafico rappresenta la densità di popolazione in alcuni stati europei. Osservalo con attenzione e indica quale affermazione è vera.

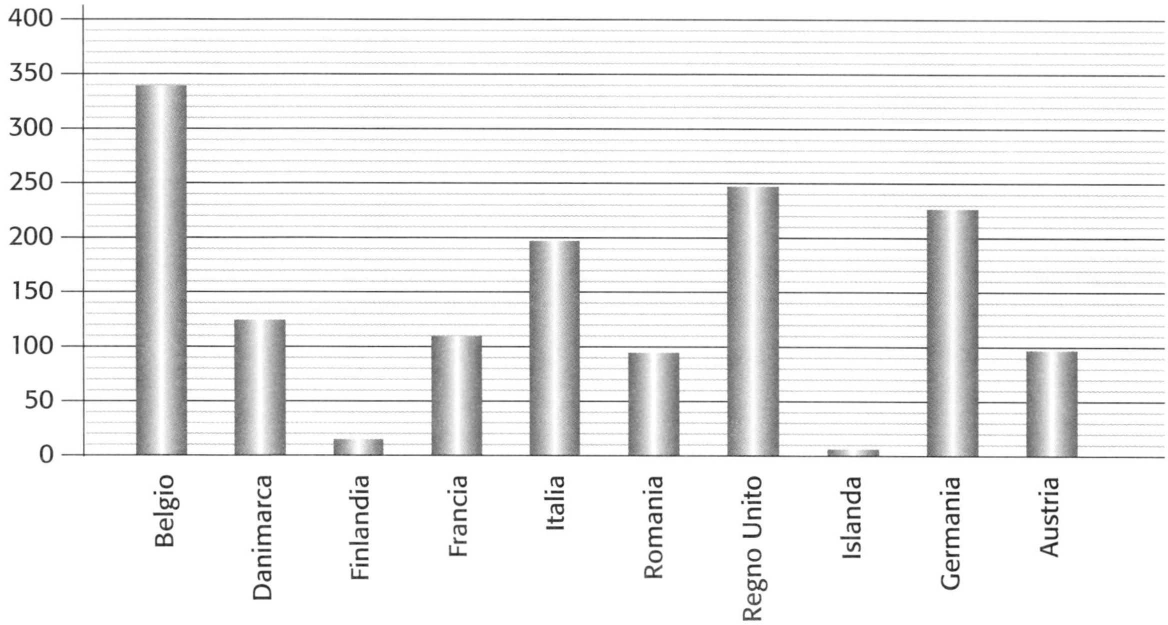

A. ☐ L'Italia è meno densamente popolata della Francia
B. ☐ Gli stati che superano i 150 ab / km^2 sono Italia, Regno Unito e Germania
C. ☐ La Finlandia ha una densità di 10 ab / km^2
D. ☐ L'Austria e la Romania hanno una densità di popolazione (d) tale che $90 < d \leq 100$

S D17. Che tipo di triangolo è ABC?

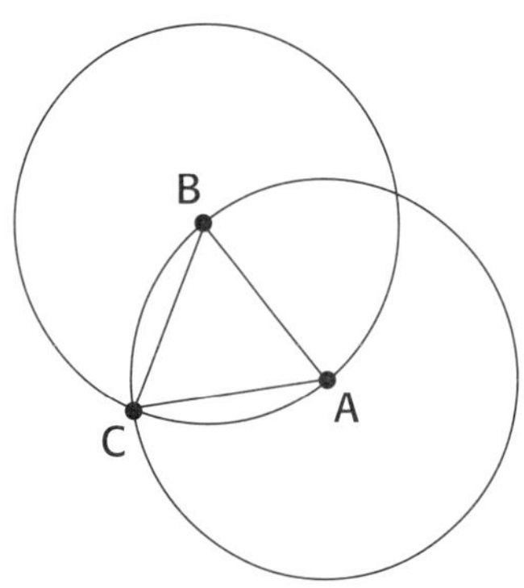

A. ☐ Equilatero
B. ☐ Scaleno
C. ☐ Isoscele
D. ☐ Ottusangolo

D **D18. Il gruppo sanguigno di una persona è stabilito dagli antigeni che si trovano sui globuli rossi nel sangue. Ci sono quattro gruppi sanguigni: A, B, AB e 0. Ciascuno di essi può essere positivo o negativo. Il sistema immunitario di ogni individuo produce anticorpi che si possono legare agli antigeni sulla superficie dei globuli rossi trasfusi, se di gruppo diverso, distruggendoli. È perciò vitale che sia selezionato sangue compatibile per le trasfusioni.**
La tabella mostra quali possono essere i gruppi sanguigni compatibili: osservala attentamente e indica quale affermazioni è falsa.

Donatore

Ricevente		A		B		AB		0	
		+	−	+	−	+	−	+	−
A	+	●	●					●	●
	−		●						●
B	+			●	●			●	●
	−				●				●
AB	+	●	●	●	●	●	●	●	●
	−		●		●		●		●
0	+							●	●
	−								●

A. ☐ Un individuo del gruppo A positivo può ricevere sangue da un individuo con gruppo A o 0 sia positivo sia negativo
B. ☐ Un individuo del gruppo AB positivo può ricevere sangue da tutti gli individui
C. ☐ Un individuo del gruppo 0 positivo può donare sangue a tutti gli individui
D. ☐ Un individuo del gruppo A negativo può donare sangue agli individui A positivo e negativo e 0 positivo e negativo

N **D19. Quanti numeri razionali sono compresi tra 2,4 e 2,85?**

A. ☐ Infiniti
B. ☐ Quattro
C. ☐ Quarantacinque
D. ☐ Ottantuno

R D20. Date due grandezze direttamente proporzionali, quando una raddoppia l'altra:

A. ☐ Raddoppia
B. ☐ Diventa la metà
C ☐ Rimane uguale
D. ☐ Triplica

N D21. In quale sequenza i numeri sono in ordine crescente?

A. ☐ $\frac{1}{2}$; 0,45; $\frac{4}{10}$; 2

B. ☐ $\frac{4}{10}$; $\frac{1}{2}$; 2; 0,45

C. ☐ 0,45; 2; $\frac{1}{2}$; $\frac{4}{10}$

D. ☐ $\frac{4}{10}$; 0,45; $\frac{1}{2}$; 2

R D22. Paola ha trovato questa ricetta, per la cena con i suoi amici:

INGREDIENTI PER 2 PERSONE

- 250 ml di **Brodo vegetale**
- 300 g di **piselli**
- **Cipolla** bianca
- **Olio extravergine di oliva**
- 400 g di **salmone** in trancio o in filetto
- **Sale** fino

La ricetta indica gli ingredienti per due persone. Aiuta Paola a calcolare la quantità di ciascun ingradiente per cinque persone.

INGREDIENTI PER 5 PERSONE

- ☐ ml di **Brodo vegetale**
- ☐ g di **piselli**
- **Cipolla** bianca
- **Olio extravergine di oliva**
- ☐. kg di **salmone** in trancio o in filetto
- **Sale** fino

R D23. Il grafico rappresenta la spesa per acquistare delle scatole di pelati in funzione della quantità comprata. Osservalo con attenzione e indica se le affermazioni sono vere o false.

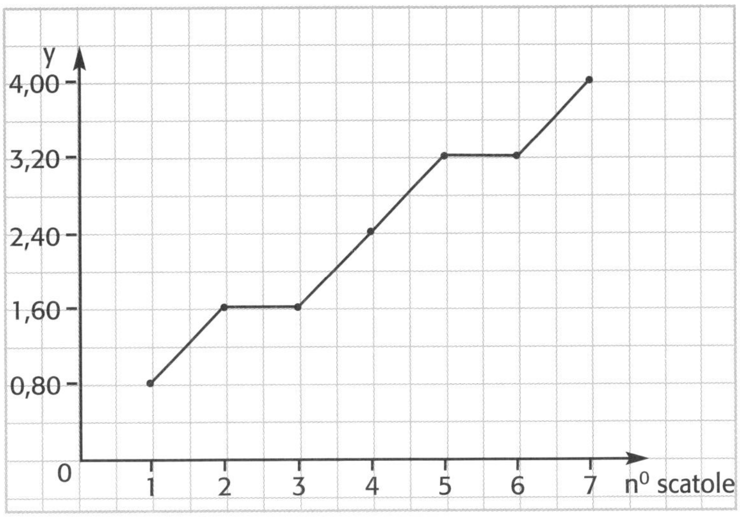

		V	F
a	Le grandezze scatole acquistate e costo sono direttamente proporzionali	☐	☐
b	1 scatola di pelati costa 0,80 centesimi	☐	☐
c	10 scatole di pelati costano 8 euro	☐	☐
d	Il supermercato applica delle offerte sull'acquisto dei pelati	☐	☐

S D24. La figura riproduce la piscina di un albergo, destinata ai bambini più piccoli.

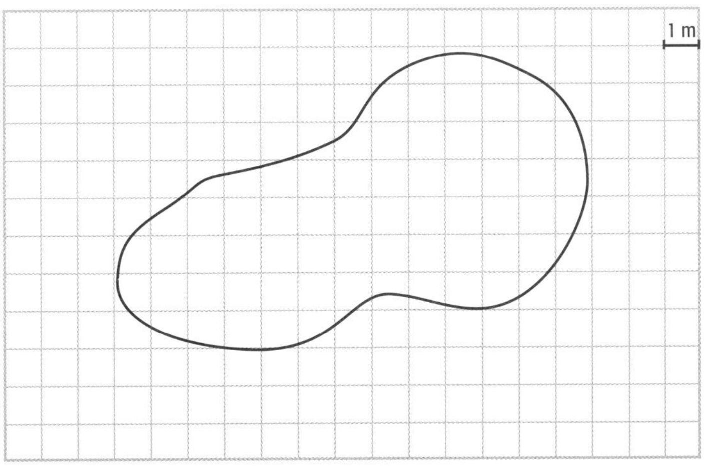

Quale valore può esprimere l'area approssimata della figura?

A. ☐ 38 m^2 B. ☐ 57,5 m^2 C. ☐ 77 m^2 D. ☐ 39 m^2

N D25. Quale numero metti al posto di *b* perché l'uguaglianza sia vera?

$$\frac{45}{b} = \frac{15}{14}$$

A. ☐ 44
B. ☐ 42
C. ☐ 3
D. ☐ 14

S D26. È possibile che un triangolo abbia i lati rispettivamente di 15 cm, 3 cm e 15 cm?

Giustifica la tua risposta.

____

D D27. È stata svolta un'indagine relativa agli sport praticati dai maschi e dalle femmine di una scuola media.

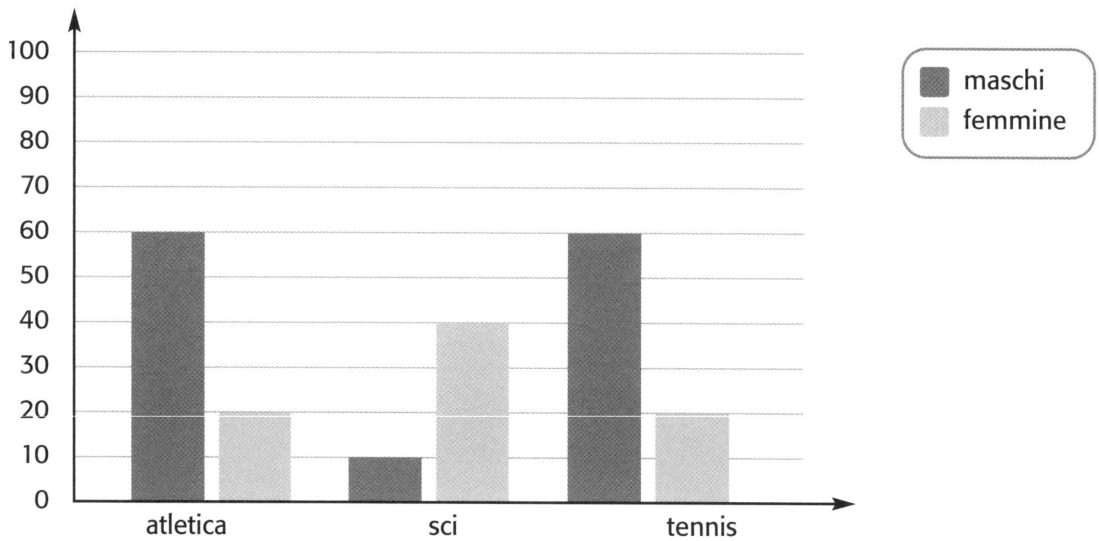

Completa la tabella.

Sport	Maschi	Femmine
Atletica	☐	20
Sci	10	☐
Tennis	☐	☐

D **D28. È stata svolta un'indagine relativa agli sport praticati dai maschi e dalle femmine di una scuola media.**

Scegliendo una ragazza a caso, tra tutti i ragazzi della scuola qual è la probabilità che pratichi l'atletica?

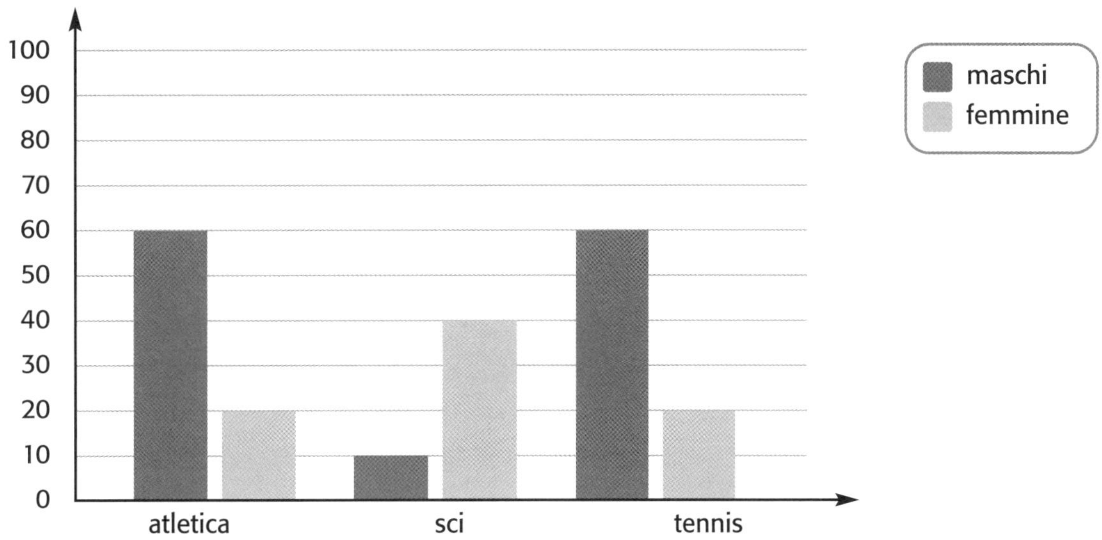

A. ☐ 9,5%   B. ☐ 28,5%   C. ☐ 38%   D. ☐ 62%

N **D29. Nel bar "Da Tom", in seguito al cambio di gestione, un piatto di pasta è passato da 4 euro a 6 euro.**
Di quanto è variato in percentuale?

A. ☐ Diminuito del 50%
B. ☐ Diminuito del 2%
C. ☐ Aumentato del 50%
D. ☐ Aumentato del 2%

S **D30. Quanto misura la somma degli angoli interni di questa figura?**

A. ☐ 180°
B. ☐ 360°
C. ☐ 720°
D. ☐ 90°

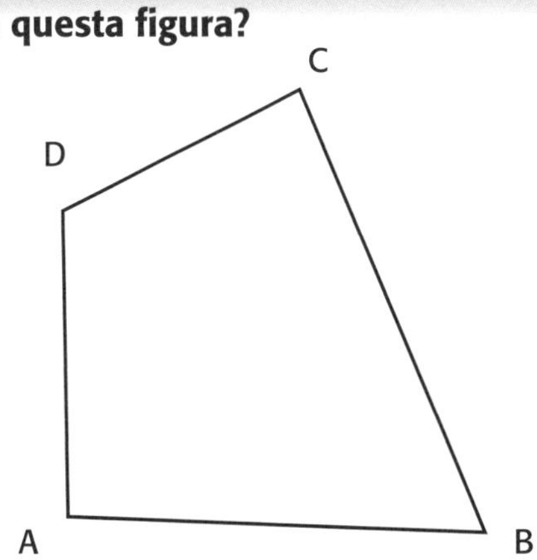

D D31. **Osserva i grafici relativi alle vendite in percentuale rispetto all'anno precedente, nei 4 trimestri dell'anno di un negozio di articoli sportivi:**

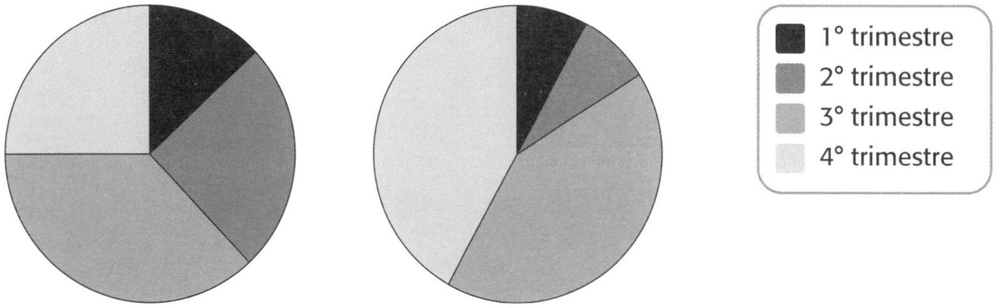

Quale dei due corrisponde alla tabella?

1° trimestre	2° trimestre	3° trimestre	4° trimestre
45%	90%	135%	90%

A. ☐ Il primo
B. ☐ Il secondo
C. ☐ Tutti e due
D. ☐ Nessuno dei due

N D32. **Qual è il risultato di $\sqrt{3,24}$?**

A. ☐ 18 B. ☐ 1,8 C. ☐ 0,18 D. ☐ 1,7321

D D33. **Carolina acquista per il giardino 8 piantine di rose gialle, 6 rosa e 4 bianche. Prepara dei vasi prima che siano fiorite, quindi non ne vede il colore. Ne avanza una per la sua mamma: qual è la probabilità che la piantina che regala alla mamma sia di rose bianche?**

A. ☐ $\frac{4}{9}$ B. ☐ $\frac{2}{9}$ C. ☐ $\frac{2}{18}$ D. ☐ $\frac{1}{3}$

N D34. **Quale delle seguenti operazioni è impossibile?**

A. ☐ $-1 + 1$
B. ☐ $0 : (-1)$
C. ☐ $+1 : 0$
D. ☐ $(-1) \times (+1)$

D **D35. Osserva il grafico che si riferisce ad una indagine effettuata tra i ragazzi di una scuola sulle età dei loro genitori:**

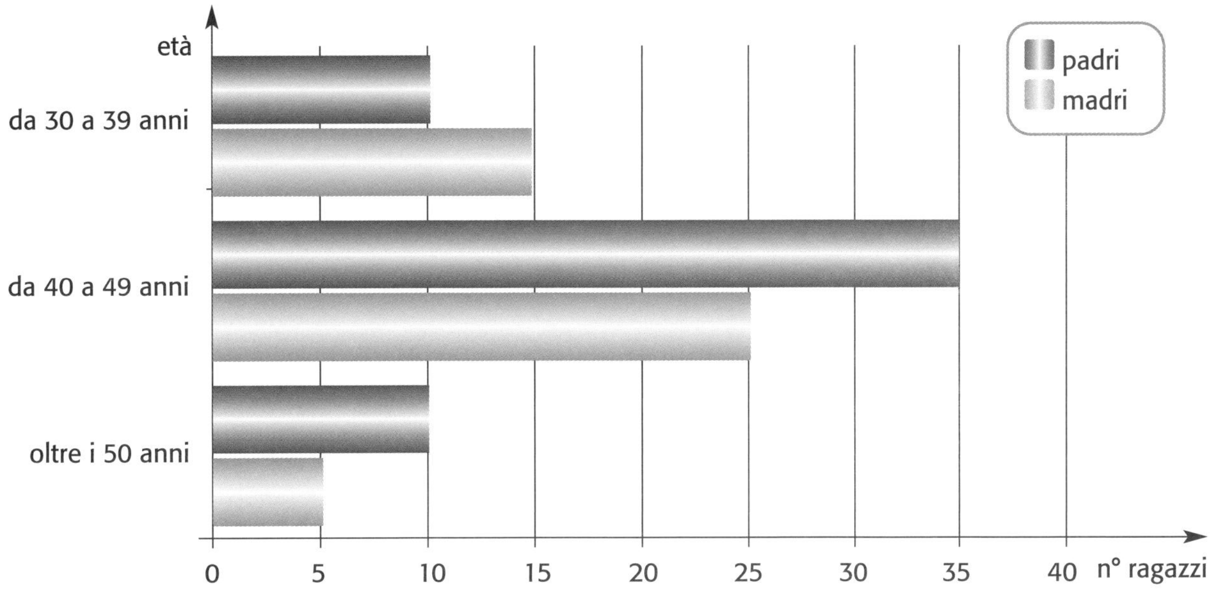

Qual è la percentuale dei ragazzi che hanno entrambi i genitori con un'età superiore a 39 anni?

A. ☐ Più del 50% B. ☐ Più del 90%
C. ☐ Meno del 35% D. ☐ Meno del 10%

S **D36. Nella circonferenza di centro B, l'angolo $A\hat{D}C$ misura 25°. Quanto misura l'angolo $A\hat{B}C$?**

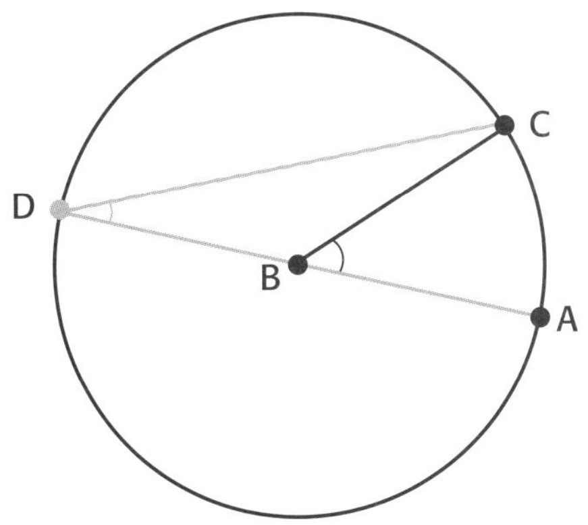

A. ☐ 25° B. ☐ 50° C. ☐ 90° D. ☐ 75°

R **D37. Se 6 persone impiegano 30 minuti per lavare 6 automobili, quanti minuti sono necessari perché 2 persone lavino 2 automobili?**

A. ☐ 30 minuti B. ☐ 10 minuti C. ☐ 90 minuti D. ☐ 60 minuti

N D38. **Osserva la semiretta:**

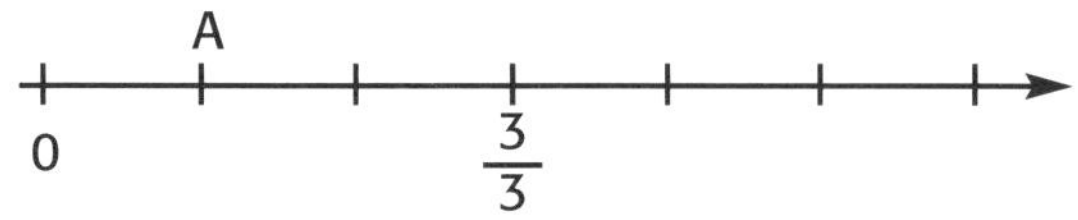

A quale numero corrisponde il punto A?

A. ▢ 1 B. ▢ $\frac{2}{3}$ C. ▢ $\frac{1}{3}$ D. ▢ 0,5

D D39. **Beatrice, la commessa del negozio di scarpe, segna su un quaderno, ogni volta che ne vende un paio, il numero della scarpa venduta; ecco i dati:**

30-33-34-42-35-37-40-41-38-38-36-40-41-38-39

Utilizza i dati e aiuta Beatrice a calcolare qual è la moda. ▢

S D40. **La figura rappresenta un giardino in cui sono state allestite 5 aiuole. Quanto misura la superficie della parte libera?**

A. ▢ $48x$
B. ▢ $52x^2$
C. ▢ $48x^2$
D. ▢ $60x^2$

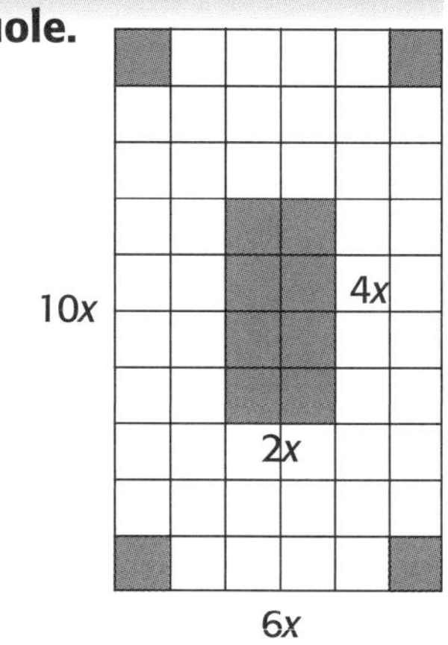

Domanda	1	2	3	4	5	6	7	8	9	10	11	12	13	14	15	16	17	18	19	20
Risposta corretta																				
Risposta errata																				

Domanda	21	22	23	24	25	26	27	28	29	30	31	32	33	34	35	36	37	38	39	40
Risposta corretta																				
Risposta errata																				

PROVA 2 DISPONIBILE ONLINE ANCHE IN FORMATO CBT

N D1. Quali tra le seguenti serie di numeri è formata solo da numeri razionali?

A. ☐ $\frac{5}{2}$; $\sqrt{256}$; $1,0\overline{6}$; 0,4

B. ☐ $2,\overline{3}$; $\sqrt{364}$; $\frac{5}{4}$; 3,64

C. ☐ 5,25; $\frac{5}{25}$; $\sqrt[3]{29}$; 0,25

D. ☐ $0,0\overline{35}$; 1024, 1,353535; $\sqrt{8}$

S D2. L'ISO 216 è lo standard che individua alcuni formati di carta usati al giorno d'oggi in numerosi paesi, specialmente in Europa, per usi tipografici. Il formato A0 ha la superficie di 1 m². Gli altri formati si ottengono dividendo il foglio di carta a metà sul lato più lungo.

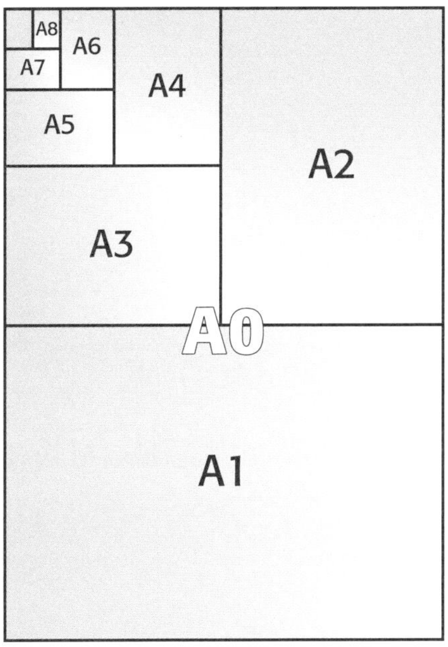

Osserva la figura e indica se le affermazioni sono vere o false.

		V	F
a	Il formato A4 è $\frac{1}{16}$ del formato A0	☐	☐
b	Un foglio di formato A2 ha una superficie di 50'000 cm^2	☐	☐
c	Da un foglio A3 si possono ottenere 8 fogli A6	☐	☐
d	Un foglio con la superficie di 125'000 mm^2 è di formato A3	☐	☐

DISPONIBILE ONLINE ANCHE IN FORMATO CBT

DISPONIBILE ONLINE ANCHE IN FORMATO CBT

S D3. Osserva le figure e indica quale affermazione non è corretta.

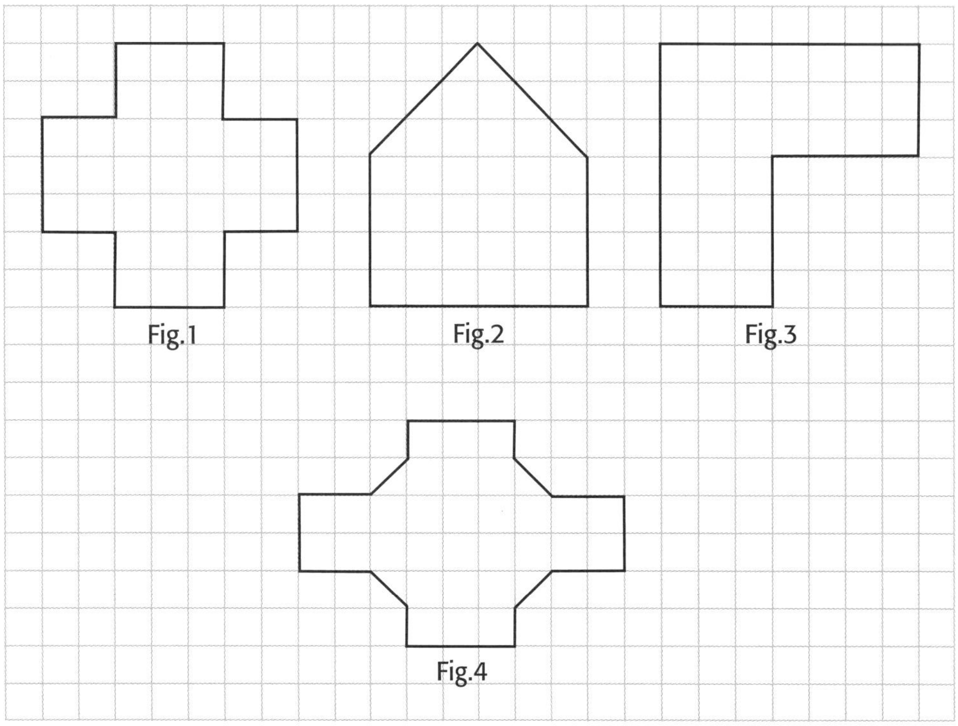

A. ☐ Le figure 1 e 2 sono equivalenti
B. ☐ Le figure 1 e 3 sono isoperimetriche
C. ☐ Le figure 2 e 4 sono equivalenti
D. ☐ Ci sono figure che sono equivalenti e anche isoperimetriche

N D4. L'UNICEF stima che nascano ogni giorno in tutto il mondo una media di 353 000 bambini.
Quale numero, esprime con maggior precisione, quanti bambini nascono in un anno?

A. ☐ $1{,}3 \times 10^{8}$
B. ☐ $3{,}53 \times 10^{12}$
C. ☐ $1{,}28 \times 10^{8}$
D. ☐ 120 000 000

R D5. Alessandro si allena per la corsa campestre della scuola ed ogni settimana corre il doppio di tempo della settimana precedente. Se nelle prime due settimane ha corso rispettivamente per 10 minuti e 20 minuti, per quanto tempo corre dopo 4 settimane?

A. ☐ 1 ora e 20 minuti
B. ☐ 40 minuti
C. ☐ 1 ora
D. ☐ 30 minuti

D6. **Nella figura sono riportati alcuni dati relativi alla popolazione italiana a gennaio 2016. Osservala con attenzione e indica se le affermazioni sono vere o false.**

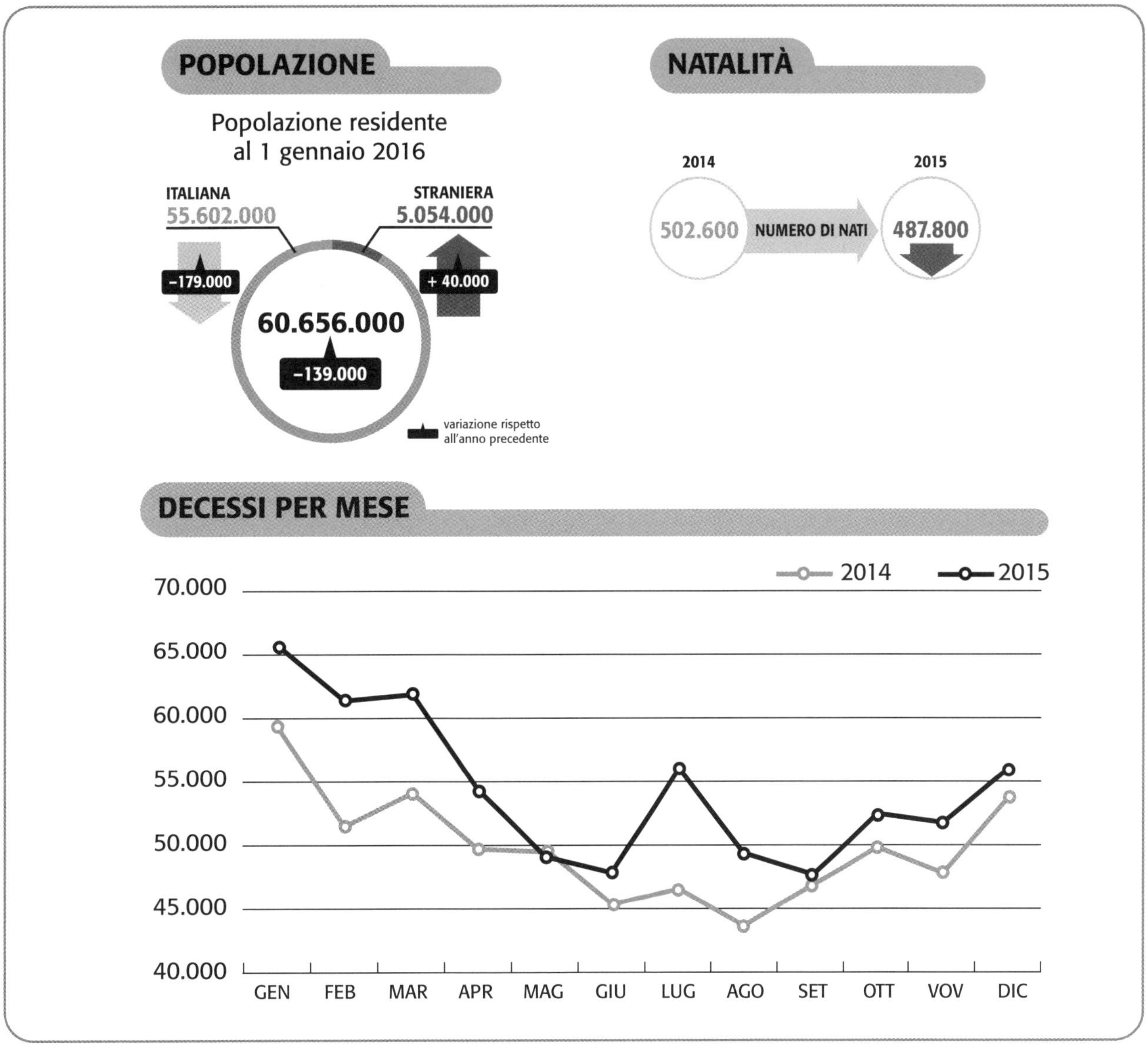

		V	F
a	Alla data del 1° gennaio 2016 gli italiani residenti sono 55 423 000	☐	☐
b	A gennaio 2016 gli stranieri residenti in Italia rappresentano circa l'8,3% della popolazione	☐	☐
c	Nel 2015 la natalità è diminuita del 2,9% rispetto al 2014	☐	☐
d	I mesi in cui sono morte più di 55 000 persone sono: gennaio, febbraio e marzo 2015 e dicembre 2014	☐	☐

DISPONIBILE ONLINE ANCHE IN FORMATO CBT

N **D7. I genitori di Marta decidono di acquistare l'abbonamento per tutti i componenti della famiglia.**

Papà Giulio nato il 19/02/1975
Mamma Monica nata il 13/11/1977
Benedetta nata il 30/06/2002
Marta nata il 1/09/2003
Pietro nato il 29/06/2005
Mamma Monica, che è abbonata già al Teatro Stabile, acquista gli abbonamenti il 1 luglio 2017.

La tabella riporta le tariffe della Abbonamento Musei di Torino e alcune delle condizioni per eventuali riduzioni

Abbonamento Musei intero	**€ 52**	
Abbonamento Musei intero scontato	**€ 48**	Titolari abbonamento al Teatro Stabile, Torino Spettacoli, MITO, La Stampa, ...
Abbonamento Musei Young	**€ 32**	Per giovani dai 15 ai 26 anni
Abbonamento Musei Junior	**€ 20**	Bambini e ragazzi fino ai 14 anni

Se il costo medio di un biglietto d'ingresso per adulti è 10 euro e per ragazzi da 6 a 18 anni è 3 euro, dopo quanti ingressi, la famiglia avrà coperto il costo complessivo degli abbonamenti?

A. ☐ 7
B. ☐ 5
C. ☐ 6
D. ☐ 8

N **D8. Quale espressione corrisponde alla consegna:**
"moltiplica la differenza tra $\frac{1}{3}$ e $\frac{1}{5}$ per 15 e dividi il risultato ottenuto per $\frac{1}{4}$".

A. ☐ $\frac{1}{3}-\frac{1}{5}\times 15:\frac{1}{4}$

B. ☐ $\left(\frac{1}{3}-\frac{1}{5}\times 15\right):\frac{1}{4}$

C. ☐ $\left[\left(\frac{1}{3}-\frac{1}{5}\right)\times 15\right]:\frac{1}{4}$

D. ☐ $\left(\frac{1}{3}-\frac{1}{5}\right)\times\left(15:\frac{1}{4}\right)$

D9. Dato un rombo, se dimezzo le misura delle due diagonali d_1 e d_2, l'area diventa:

A. ▢ la metà B. ▢ un quarto C. ▢ il doppio D. ▢ non cambia

D10. Dato un rombo, se dimezzo le misura delle due diagonali d_1 e d_2, il lato diventa:

A. ▢ la metà B. ▢ un quarto C. ▢ il doppio D. ▢ Non cambia

D11. Il risultato di $\sqrt{12^2} - \sqrt{10^2}$ è:

A. ▢ 2^2 B. ▢ 44 C. ▢ $\sqrt{2^2}$ D. ▢ 2

D12. Osserva con attenzione il grafico relativo al numero di libri presenti nelle case delle famiglie che vivono in Italia e indica quale tra le seguenti affermazioni è vera.

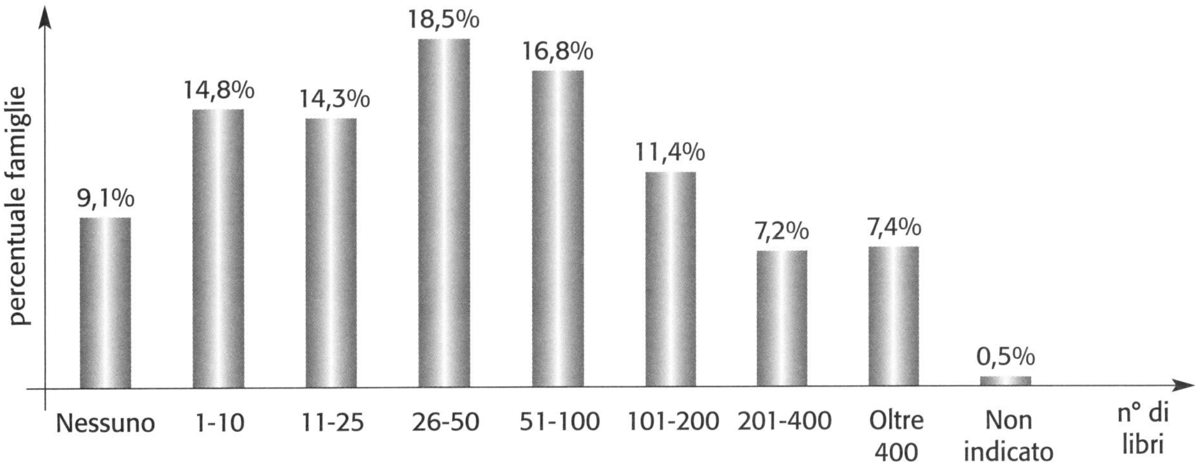

da statistiche report ISTAT 13/1/2016

A. ▢ Quasi una famiglia su quindici ha meno di 11 libri in casa

B. ▢ Il 35 % delle famiglie ha più di 50 libri, ma meno di 200

C. ▢ Scegliendo una famiglia a caso ci sono circa $\frac{14}{100}$ probabilità che abbia almeno 11 libri in casa

D. ▢ A Genova vivono circa 162 000 famiglie. Tra queste è probabile che circa 12 000 abbiano più di 400 libri in casa

DISPONIBILE ONLINE ANCHE IN FORMATO CBT

R D13. Carola viaggia sull'autostrada A21 a una velocita media di 120 km/h.
Indicando con *x* il tempo e *y* lo spazio, quale funzione descrive questa situazione?

A. ☐ $y = \frac{120}{x}$ B. ☐ $y = 120x$ C. ☐ $y = \frac{x}{120}$ D. ☐ $y = 120 + x$

R D14. Carola viaggia sull'autostrada A21 a una velocita media di 120 km/h.
Quanti km percorre in media ogni 5 minuti ?

A. ☐ 5 km B. ☐ 10 km C. ☐ 15 km D. ☐ 12 km

N D15. Carola viaggia sull'autostrada A21 a una velocita media di 120 km/h.
Se deve percorrere una distanza di 280 km e si ferma due volte per 10 minuti, quanto durerà il suo viaggio?

☐

N D16. Paolo deve rinnovare alcune apparecchiature per il suo ristorante. I preventivi ricevuti riportano i prezzi senza IVA.

Abbattitore di temperatura	1 400 €
Armadio frigo	1 450 €
Fabbricatore cubetti di ghiaccio	800 €

L'IVA da applicare è del 22%, ma per il pagamento immediato al ritiro della merce, viene praticato uno sconto del 10% sui prezzi senza IVA.
Quale affermazione è corretta?

A. ☐ È necessario sommare i tre prezzi e aumentarli del 12%

B. ☐ È necessario sommare i tre prezzi, sottrarre, dal totale ottenuto, il 10% e infine sommare, a tale risultato, l'IVA da applicare

C. ☐ È necessario sommare i tre prezzi aggiungere l'importo dell'IVA al 22% e sottrarre dal totale ottenuto il 10%

D. ☐ È necessario sommare i tre prezzi, sottrarre dal totale ottenuto il 10% e infine per ottenere l'importo da pagare, calcolare il 22%

S **D17.** **Un rettangolo, un rombo e un quadrato sono equivalenti. Il quadrato ha il lato di 24 cm. L'altezza del rettangolo e la diagonale d_1 del rombo misurano 18 cm.**
È corretto affermare che la base del rettangolo e la diagonale d_2 del rombo misurano 32 cm?

Sì, perché [ ]

No, perché [ ]

D **D18.** **Osserva il grafico che riporta l'attività sportiva della popolazione italiana a partire dai 3 anni di età e indica quale tra le seguenti affermazioni è falsa.**

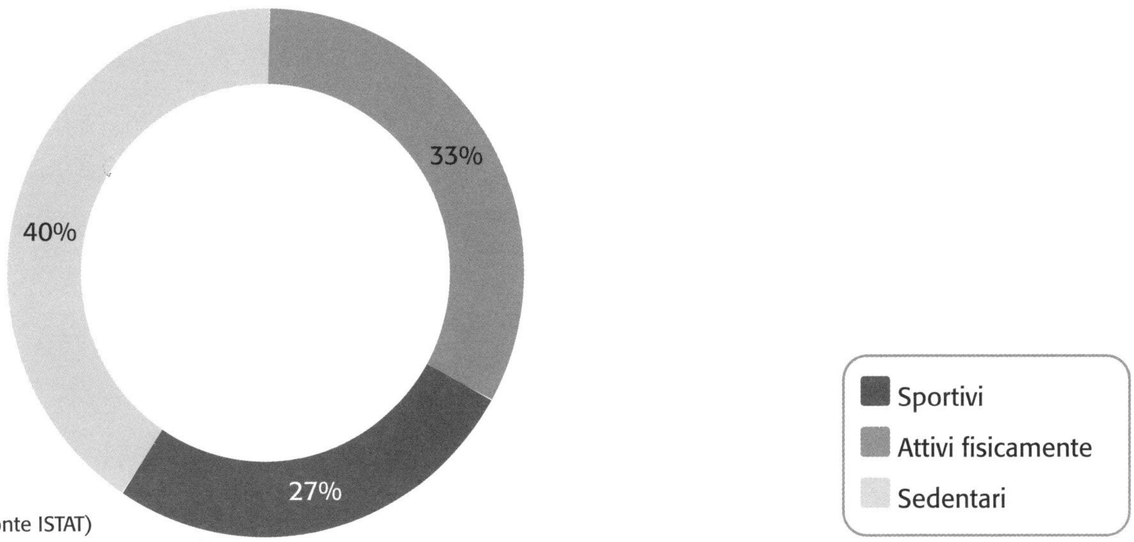

(fonte ISTAT)

A. ☐ Su un campione di 25 milioni di persone, 10 000 000 non praticano attività fisica

B. ☐ Su 10 000 persone, 3 300 sono sportivi

C. ☐ Su 10 milioni di persone, 6 milioni non sono sedentarie

D. ☐ In Italia i $\frac{3}{5}$ della popolazione è sedentaria

D **D19. Quale tra i seguenti grafici non rappresenta correttamente i dati riportati in tabella, relativi ad una indagine sulla colazione di 100 ragazzi?**

Tipo di bevanda	numero ragazzi
latte	14
thè	20
succo di frutta	9
cioccolata	25
caffelatte	12
nessuna bevanda	20

grafico 1

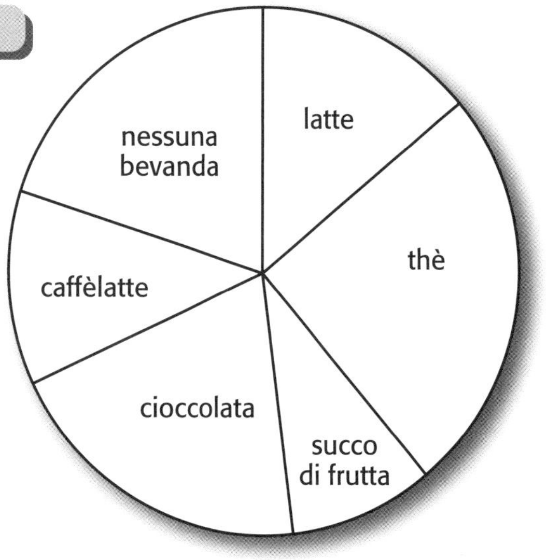

grafico 2

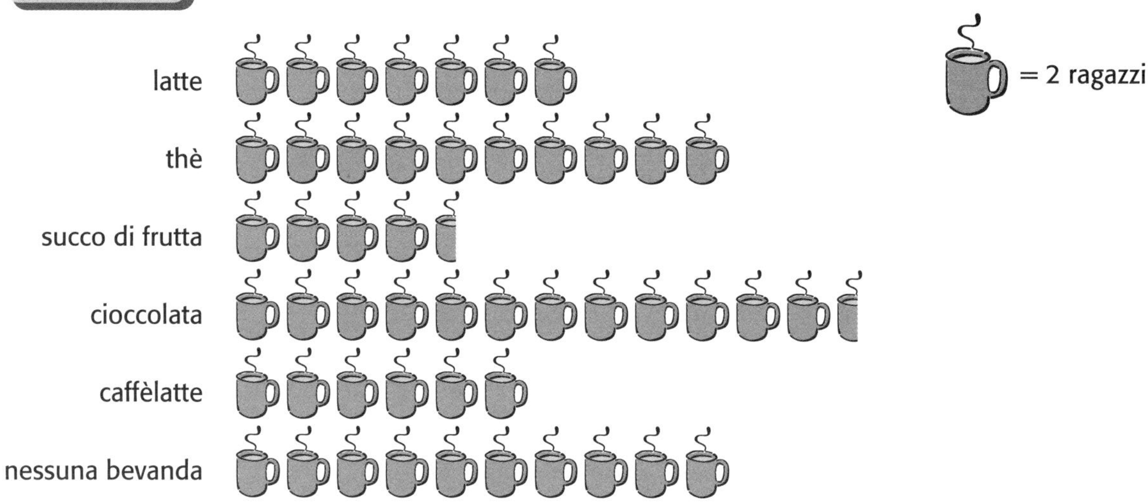

grafico 3

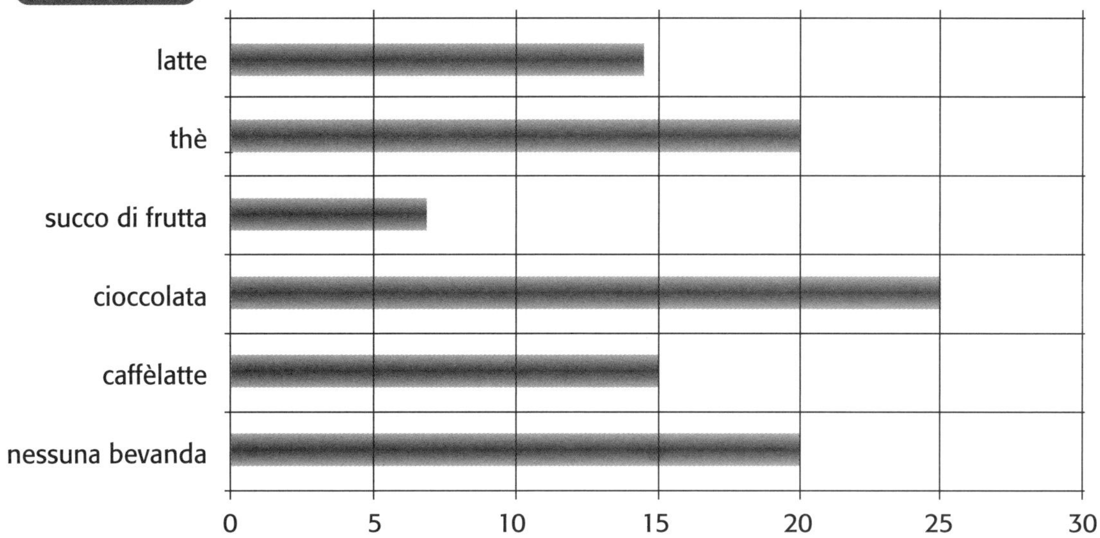

A. ▢ Il grafico 1
B. ▢ Il grafico 2
C. ▢ Il grafico 3
D. ▢ Nessuno dei tre

S D20. Il perimetro del trapezio ABCD misura

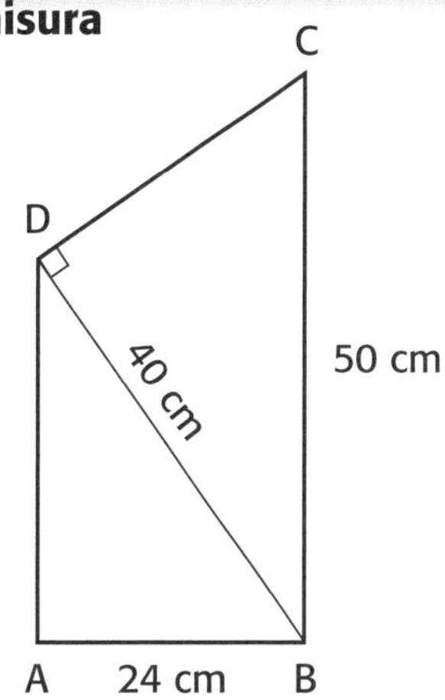

A. ▢ 176 cm
B. ▢ Non si può calcolare
C. ▢ 136 cm
D. ▢ 216 cm

DISPONIBILE ONLINE ANCHE IN FORMATO CBT

N **D21.** **Qual è il risultato di $\sqrt{0{,}9}$?**

A. ☐ 0,3 B. ☐ 3 C. ☐ 9,48 D. ☐ 0,948

S **D22.** **L'insegnante chiede ai suoi alunni di scrivere una parola che riflessa nello specchio risulti sempre uguale. Chi dei quattro ragazzi ha eseguito correttamente la consegna?**

A. ☐ B. ☐ C. ☐ D. ☐

R **D23.** **Quale tra le tabelle, esprime correttamente come varia l'area di un triangolo (y) al variare della base (x), mantenendo l'altezza di 10 cm?**

A. ☐

x	1	2	5	10	20
y	10	20	50	100	200

B. ☐

x	1	2	5	10	20
y	5	10	25	50	100

C. ☐

x	1	2	5	10	20
y	5	2,5	1	0,5	0,25

D. ☐

x	1	2	5	10	20
y	10	5	2	1	0,5

S D24. Osserva il prisma a base quadrata della figura e indica qual è la descrizione corretta:

A. ☐ È formato da 6 facce tutte uguali
B. ☐ È formato da 4 facce uguali
C. ☐ È formato da facce a due a due uguali e parallele
D. ☐ È formato da un quadrato e due rettangoli uguali

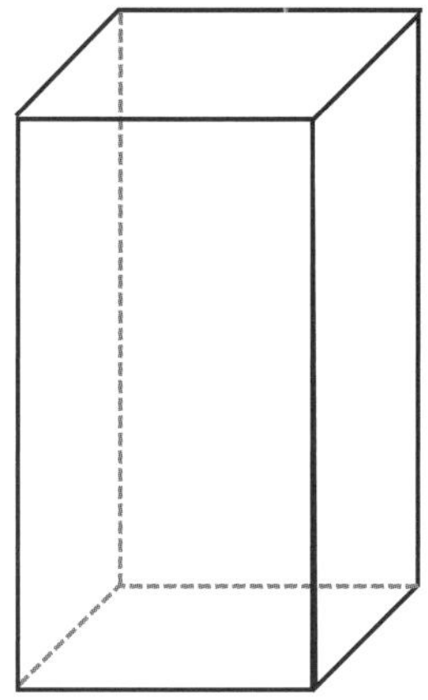

D D25. Paolo, Carlo, Ivan e Cosmin giocano a freccette.
Chi dopo sei tiri ha totalizzato un media uguale a 35?
Ecco i punteggi totalizzati:

Paolo: 25 –50 – 100 – 50 – 50 – 10
Carlo: 50 – 10 –10 – 100 – 25 – 10
Ivan: 25 – 100 – 25 – 50 – 50 – 25
Cosmin: 50 – 25 – 25 – 50 – 10 – 50

A. ☐ Paolo
B. ☐ Carlo
C. ☐ Ivan
D. ☐ Cosmin

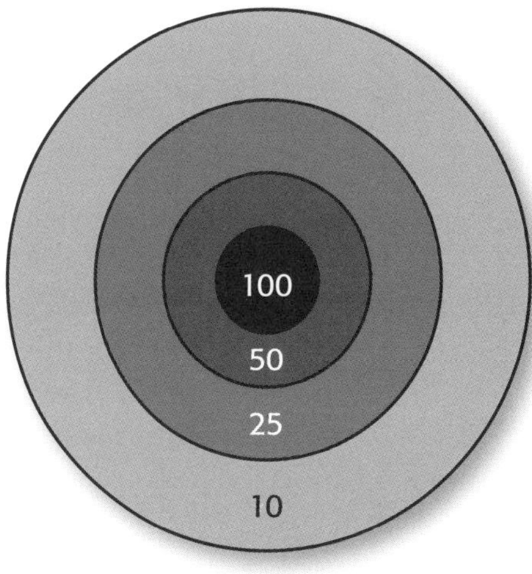

S D26. Osserva la figura. Il raggio AO misura 10 cm, la corda AD misura 12 cm e le corde AB e CB sono congruenti.

L'area del quadrilatero ABCD misura

A. ☐ 196 cm^2
B. ☐ $96 + 50\sqrt{2}$ cm^2
C. ☐ 392 cm^2
D. ☐ 296 cm^2

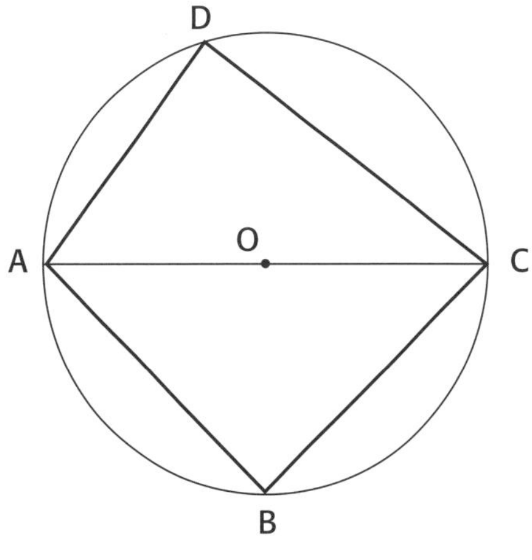

DISPONIBILE ONLINE ANCHE IN FORMATO CBT

N **D27. Quale valore deve avere il simbolo ■ perché l'uguaglianza sia vera?**

0,343 x 1000 = 3,43 : ■

A. ▢ 10 B. ▢ 0,1 C. ▢ 0,01 D. ▢ 0,0001

S **D28. Osserva la figura.**

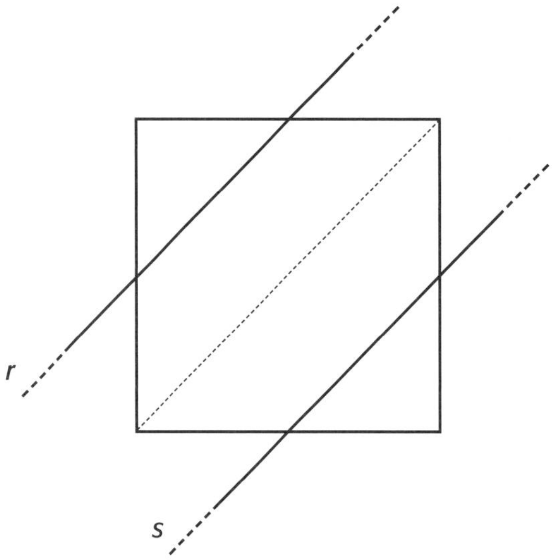

Qual è la percentuale dell'area della figura compresa tra le rette *r* ed *s* parallele e passanti per i punti medi dei lati del quadrato?

A. ▢ $\frac{3}{4}$ B. ▢ $\frac{1}{2}$ C. ▢ $\frac{1}{4}$ D. ▢ $\frac{1}{3}$

R **D29. La tabella riporta come varia *y* al variare di *x***

x	6	9	15	21	24
y	4	6	10	14	16

Quale affermazione <u>non</u> è corretta?

A. ▢ Le due grandezze sono direttamente proporzionali

B. ▢ Rappresentando i valori riportati in tabella nel piano cartesiano si ottiene una retta

C. ▢ Il coefficiente di proporzionalità è $\frac{2}{3}$

D ▢ Se $x = \frac{4}{3}$ allora $y = 2$

R D30. La tabella riporta come varia *y* al variare di *x*

x	6	9	15	21	24
y	4	6	10	14	16

Scrivi la funzione che esprime la relazione tra le grandezze *x* e *y*

D D31 Il grafico mostra le temperature medie (espresse in °C) rilevate in due settimane successive in una località montana a luglio (la riga nera indica la prima settimana, la riga tratteggiata la seconda settimana). Osserva il grafico e indica quale tra le seguenti affermazioni è vera.

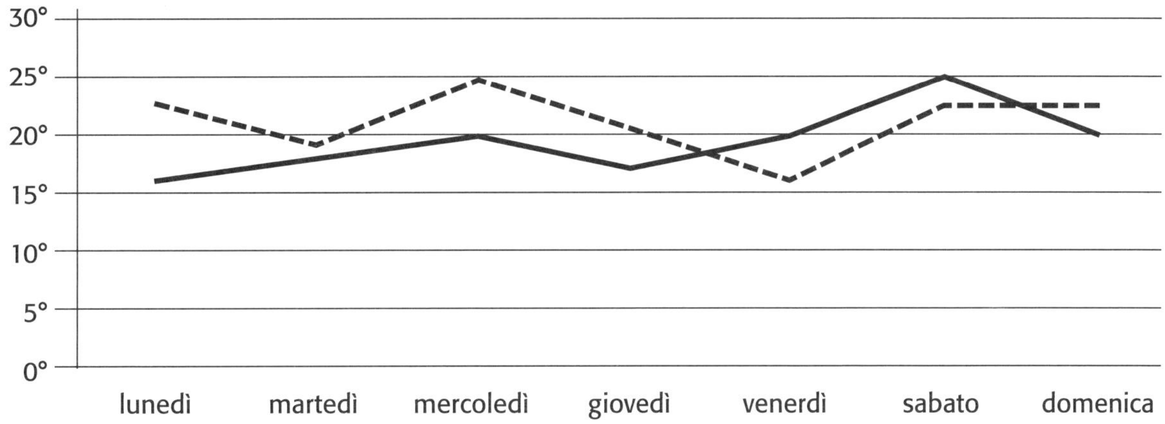

A. ☐ La temperatura nelle due settimane non è scesa sotto i 20°C
B. ☐ La temperatura della prima settimana è stata sempre più bassa della temperatura della seconda settimana
C. ☐ La massima escursione termica si è registrata nella seconda settimana
D. ☐ La temperatura del mercoledì della seconda settimana è stata di 20°C

N D32. La mensa scolastica serve 135 pasti ogni giorno. Se il costo del pasto è 3 euro, dopo quanti giorni la mensa scolastica ha incassato 2 430 euro?

A. ☐ 8 giorni B. ☐ 4 giorni C. ☐ 6 giorni D. ☐ 5 giorni

DISPONIBILE ONLINE ANCHE IN FORMATO CBT

D D33. **Nel calcolare la percentuale dei 400 iscritti ai laboratori opzionali sono stati commessi due errori.**

Consulta la tabella e indica per quali laboratori la frequenza percentuale è sbagliata.

Laboratorio	N° iscritti	Frequenza %
Latino	86	21
Giornalismo	56	14
Chitarra	48	12
Atletica	100	25
Cucina	36	9
Basket	74	19

A. ▢ Latino e cucina
B. ▢ Chitarra e basket
C. ▢ Atletica e giornalismo
D. ▢ Latino e basket

S D34. **Considera una piramide a base quadrata.**

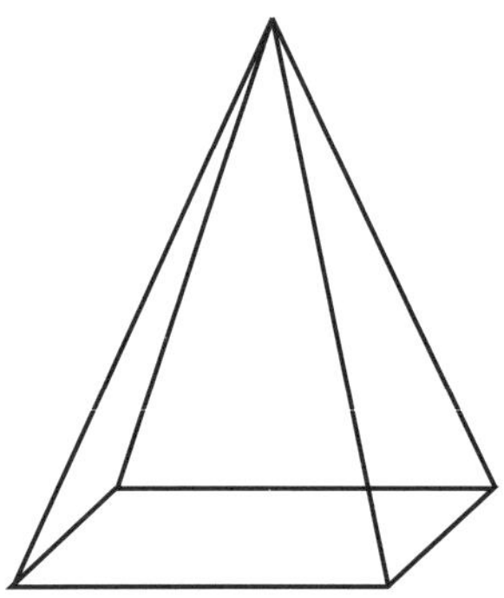

Quale, tra le seguenti figure geometriche, rappresenta l'intersezione della piramide con un piano orizzontale parallelo alla base?

A. ▢ Triangolo B. ▢ Quadrato C. ▢ Trapezio D. ▢ Rettangolo

N D35. **Indica quale tra le seguenti frazioni è equivalente a:**

$$\frac{-3}{2}$$

A. ▢ $\frac{3}{-2}$ B. ▢ $\frac{-3}{-2}$ C. ▢ $\frac{3}{2}$ D. ▢ $-\left(\frac{-3}{2}\right)$

D D36. **I grafici mostrano il rapporto acqua/terra: il primo su tutta la Terra, il secondo e il terzo nei due emisferi separatamente.**

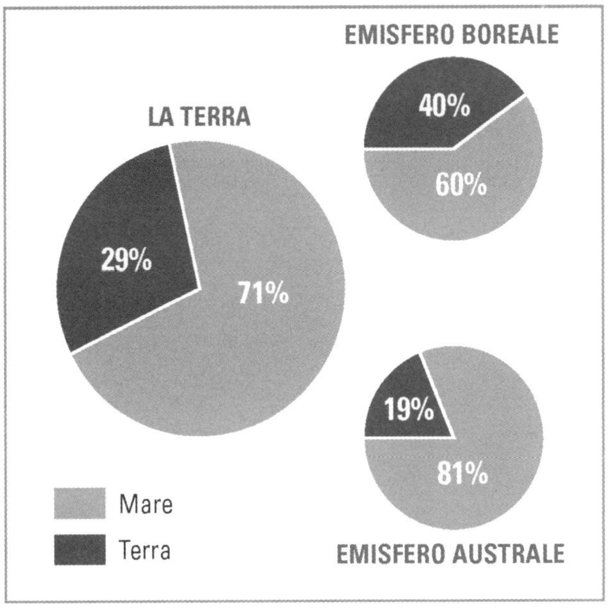

Indica se le seguenti affermazioni sono vere o false:

		V	F
a	Il rapporto tra la percentuale di mare e terra nell'emisfero boreale è $\frac{3}{2}$	☐	☐
b	Il rapporto tra la percentuale di mare e terra nell'emisfero australe è il doppio del rapporto tra la percentuale di mare e terra nell'emisfero boreale	☐	☐
c	Scegliendo un punto a caso, la probabilità che sia terra è circa $\frac{1}{5}$ solo nell'emisfero australe	☐	☐

D D37. **Se da un mazzo da 52 carte estrai una carta, quale tra le seguenti affermazioni è sicuramente falsa?**

A. ☐ Hai una probabilità su tredici di estrarre un re

B. ☐ Le probabilità di estrarre un 2 nero o un 5 di cuori sono $\frac{2}{52}$

C. ☐ Hai una probabilità su due di estrarre una carta rossa

D. ☐ Le probabilità estrarre una figura nera sono $\frac{3}{26}$

DISPONIBILE ONLINE ANCHE IN FORMATO CBT

D38. **Alessia parte da Milano in auto per andare al mare a trovare i cugini. Il grafico rappresenta lo spazio percorso in funzione del tempo. Osservalo e indica se le affermazioni sono vere o false.**

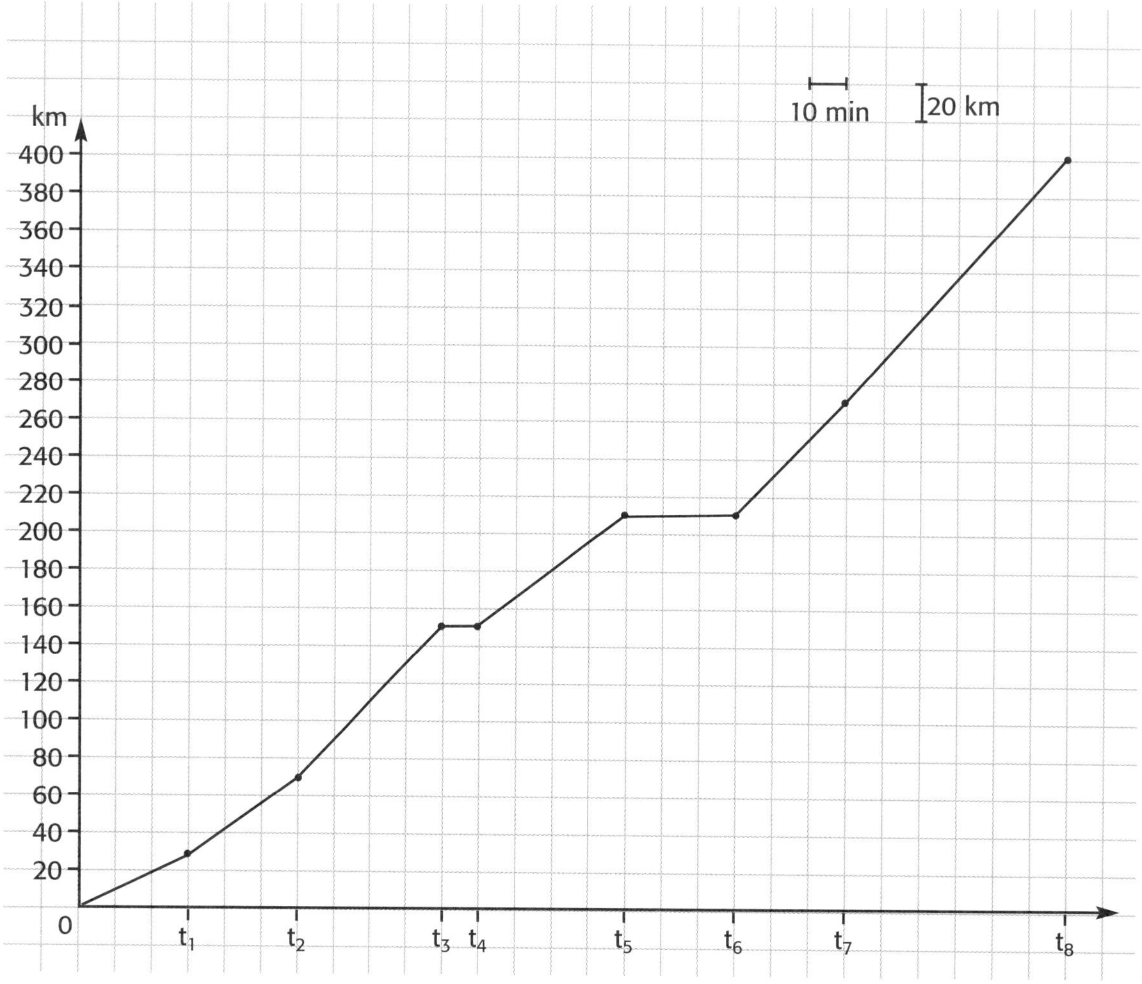

		V	F
a	Tra t_1 e t_2 la velocità si è mantenuta costante	☐	☐
b	Tra t_6 e t_7 viaggia a 130 km/h	☐	☐
c	Il viaggio dura 4 h e 30 min	☐	☐

D39. **In una carta geografica con scala 1: 1 000 000 le città Catania e Siracusa distano, in linea d'aria, 5 cm. Quanto sono distanti nella realtà?**

A. ☐ 50 km
B. ☐ 500 km
C. ☐ 10 km
D. ☐ 100 km

D40. **Qual è l'area del trapezio? Considera le misure espresse in cm.**

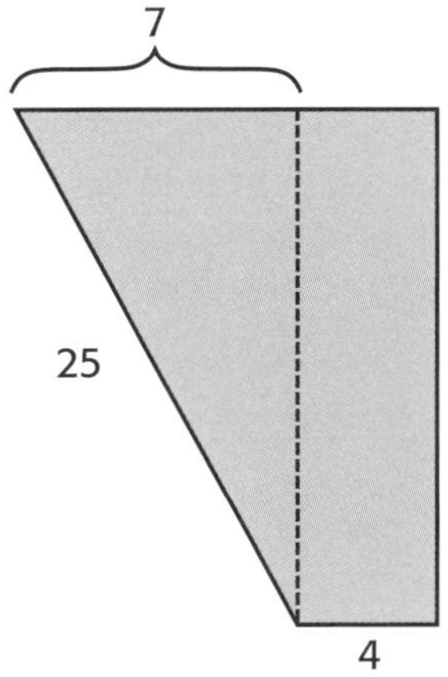

A. ☐ 180 cm^2
B. ☐ 264 cm^2
C. ☐ 132 cm^2
D. ☐ 275 cm^2

Domanda	1	2	3	4	5	6	7	8	9	10	11	12	13	14	15	16	17	18	19	20
Risposta corretta																				
Risposta errata																				

Domanda	21	22	23	24	25	26	27	28	29	30	31	32	33	34	35	36	37	38	39	40
Risposta corretta																				
Risposta errata																				

DISPONIBILE ONLINE ANCHE IN FORMATO CBT

PROVA 3

N D1. Osserva la retta numerica orientata:

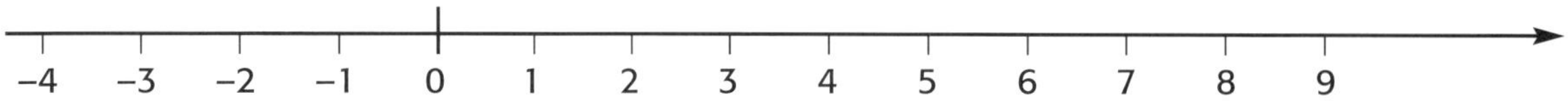

Indica quale affermazione è VERA.

A. ☐ I numeri negativi si trovano a destra dello zero
B. ☐ I numeri positivi si trovano a sinistra dello zero
C. ☐ Ogni numero è minore di quelli che lo precedono
D. ☐ Ogni numero è maggiore di quelli che lo precedono

R D2. Che cosa succede alla lunghezza della circonferenza e all'area del cerchio se si raddoppia la lunghezza del raggio?

A. ☐ La prima rimane uguale e la seconda raddoppia
B. ☐ Sia la prima che la seconda raddoppiano
C. ☐ La prima raddoppia e la seconda quadruplica
D. ☐ Sia la prima che la seconda quadruplicano

N D3. Se *n* è un numero negativo, quale dei seguenti numeri è il maggiore?

A. ☐ $3 + n$
B. ☐ $3n$
C. ☐ $3 - n$
D. ☐ $3 : n$

R D4. Osserva la tabella che esprime la relazione $y = 4x + 1$. Quale valore è errato?

☐

x	*y*
1	5
2	9
3	13
4	16
5	21

N D5. **Quale numero metti al posto di x perché la proporzione sia vera?**

$$6 : 15 = x : 10$$

A. ☐ 25
B. ☐ 40
C. ☐ 9
D. ☐ 4

S D6. **Osserva il decoro della piastrella e rispondi.**

Si può dire che la parte nera della piastrella è equivalente alla parte grigia?

Sì, perché ______________________

No, perché ______________________

R D7. **In matematica, un numero triangolare è un numero rappresentabile in forma di triangolo, cioè, preso un insieme di elementi pari al numero in oggetto, è possibile disporli in modo da formare un <u>triangolo rettangolo isoscele</u> o un <u>triangolo equilatero</u>, come nella figura:**

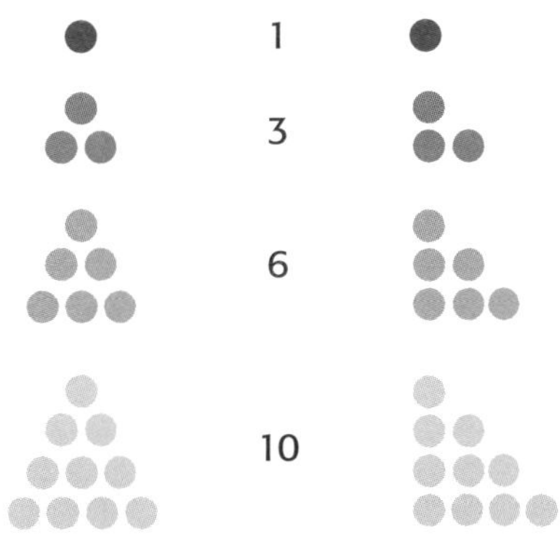

Quali sono i due numeri triangolari dopo il 10? ☐ ☐

R D8. **In matematica, un numero triangolare è un numero rappresentabile in forma di triangolo, cioè, preso un insieme di elementi pari al numero in oggetto, è possibile disporli in modo da formare un <u>triangolo rettangolo isoscele</u> o un <u>triangolo equilatero</u>, come nella figura:**

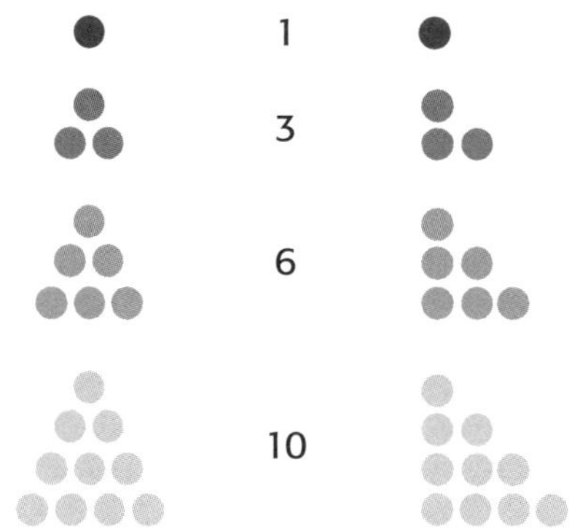

Puoi osservare che:

$$0 + 1 = 1$$
$$0 + 1 + 2 = 3$$
$$0 + 1 + 2 + 3 = 6$$
$$0 + 1 + 2 + 3 + 4 = 10$$

Scrivi la serie per il sesto numero triangolare:

S D9. **Scrivi la misura degli angoli indicati.**

$D\hat{A}B =$

$A\hat{D}C =$

$D\hat{B}A =$

$B\hat{F}A =$

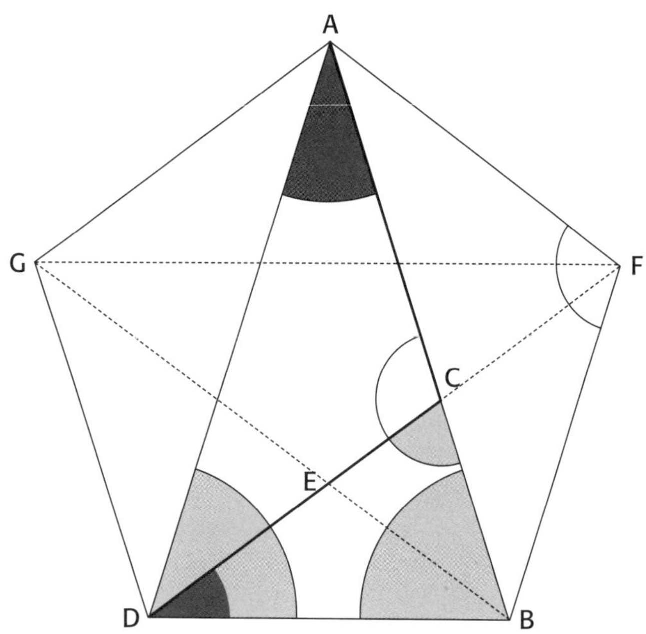

D10. Quale coefficiente della *x* metti nel riquadro per rendere l'equazione impossibile?

$$\square\, x - 2 = 2x + 8$$

A. ☐ 0
B. ☐ +2
C. ☐ –2
D. ☐ 8

D11. Lancia un dado ed estrai una biglia.

Quante possibili combinazioni puoi ottenere? ☐

D12. Nei due cilindri è contenuto la stessa massa, esattamente 1 kg, di acqua e di benzina. Considera che la densità di una sostanza è il rapporto tra la sua massa e il suo volume.

Quale ipotesi puoi fare, visto che il livello raggiunto dai due liquidi è diverso?

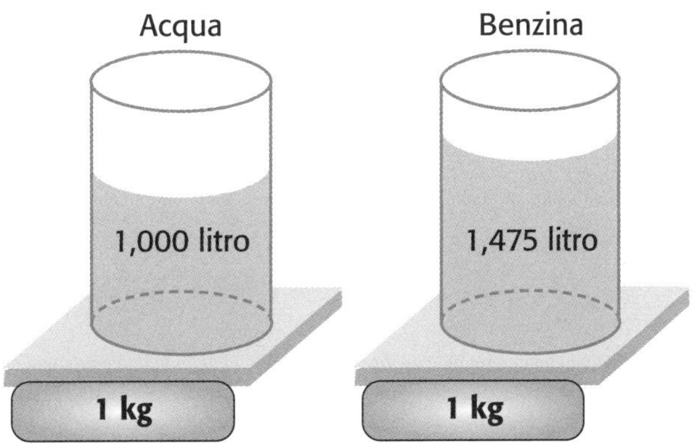

A. ☐ L'acqua ha densità minore della benzina
B. ☐ L'acqua ha densità maggiore della benzina
C. ☐ L'acqua ha densità uguale alla benzina
D. ☐ Non si può spiegare il fenomeno

S D13. Laura vuole acquistare questa piscina per il giardino.

Le dimensioni sono: lunghezza 975 cm, larghezza 488 cm, altezza 132 cm.

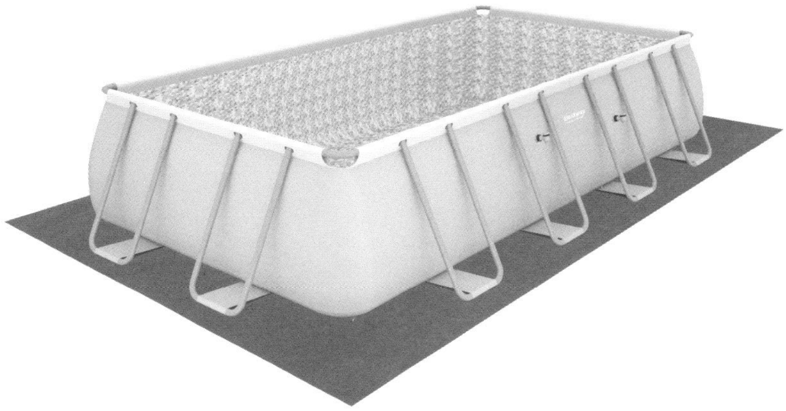

Secondo te, quanta acqua serve per riempirla? (Considera che deve essere riempita circa al 90% della sua capacità).

A. ☐ 62 805 litri
B. ☐ 4 758 litri
C. ☐ 56 525 litri
D. ☐ 475 800 litri

N D14. Il risultato di $\left(-\frac{1}{2}\right)^2 + \left(-\frac{3}{2}\right)^0$ **è:**

A. ☐ $-\frac{7}{4}$ B. ☐ $+\frac{8}{4}$ C. ☐ $+\frac{5}{4}$ D. ☐ $-\frac{5}{4}$

R D15. Nei due cilindri è contenuto la stessa massa, esattamente 1 kg, di acqua e di benzina. Considera che la densità di una sostanza è il rapporto tra la sua massa e il suo volume.

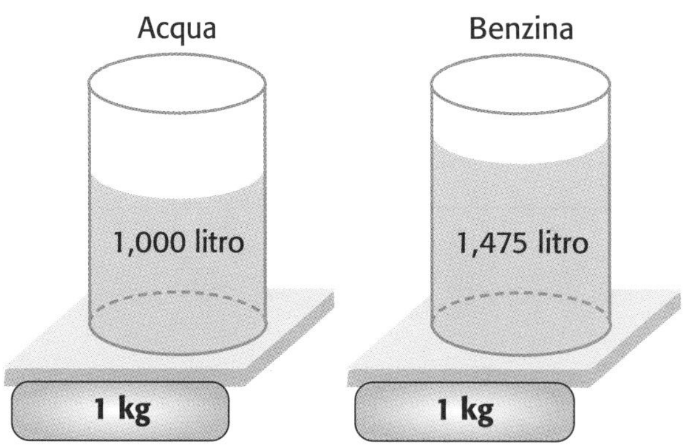

Hai 1 litro di acqua e 1 litro di benzina. Quale dei due liquidi pesa meno? ☐

R D16. **Nei due cilindri è contenuto la stessa massa, esattamente 1 kg, di acqua e di benzina. Considera che la densità di una sostanza è il rapporto tra la sua massa e il suo volume.**

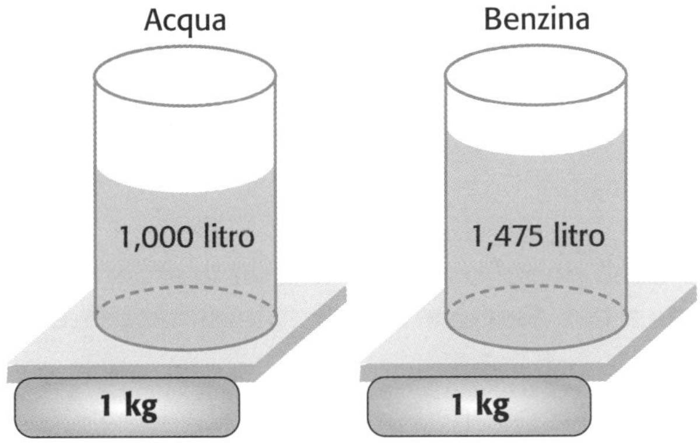

Hai a disposizione due cubi con le seguenti dimensioni e vuoi trasferire la quantità di acqua e di benzina contenuta nei due cilindri disegnati.
Quale dei due liquidi lo riempirà completamente?

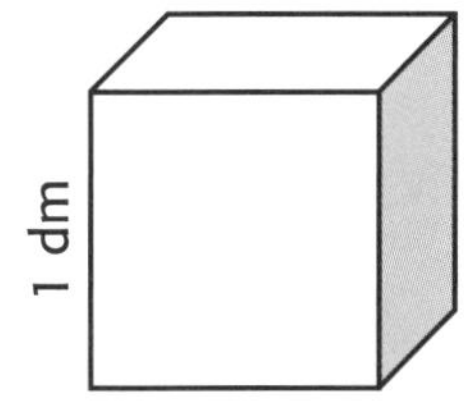

A. ☐ L'acqua
B. ☐ La benzina
C. ☐ Tutti e due
D. ☐ Nessuno dei due

D D17. **La tabella mostra il risultato di un'indagine relativa ad una classe:**

	Maschi	Femmine
Ripetenti	3	2
Non ripetenti	8	14

Indica se le seguenti affermazioni sono vere o false:

		V	F
a	Il numero totale di alunni della classe è 27	☐	☐
b	Il numero dei maschi ripetenti è minore di quello delle femmine	☐	☐
c	Il numero totale dei maschi è minore di quello delle femmine	☐	☐
d	Scegliendo un maschio a caso, la probabilità che sia ripetente è 1 : 3	☐	☐

N D18. Quale segno inserisci al posto dei puntini per rendere vera l'espressione?

$5{,}3 \times 10^5$ ☐ 530'000

A. ☐ >
B. ☐ <
C. ☐ =
D. ☐ ≥

D D19. La piramide delle età (o della popolazione) è una rappresentazione grafica usata nella statistica demografica per descrivere la distribuzione per età di una popolazione.

Si tratta di due istogrammi disposti simmetricamente attorno all'asse verticale che rappresenta le età (o le classi di età comprendenti intervalli di 5 anni).
In ascissa è indicato l'ammontare della popolazione per ciascuna classe di età (in unità o in percentuale sul totale).

La piramide dell'Angola, in Africa, dimostra che la popolazione è in forte crescita, con un elevato numero di giovani: confronta, ad esempio la popolazione di 50-60 anni con quella da 0 a 9 anni.

Sì, perché ☐

No, perché ☐

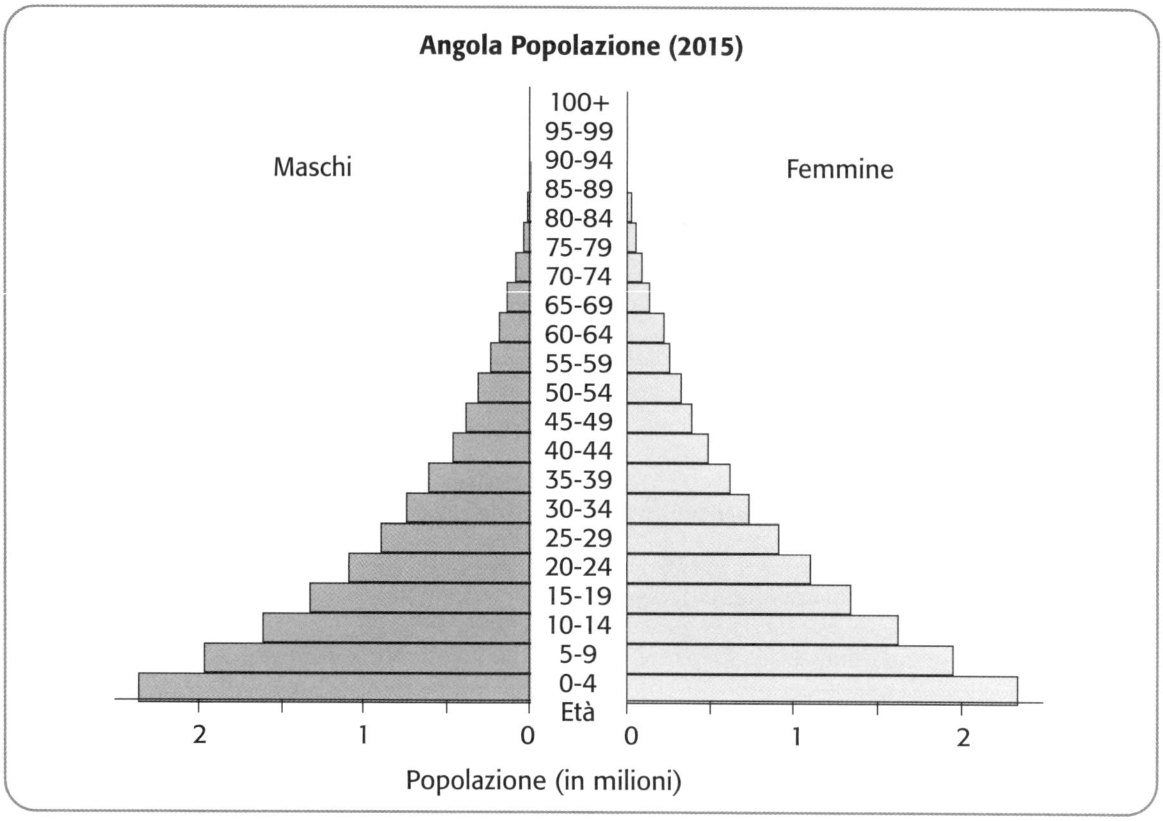

D D20. La piramide delle età (o della popolazione) è una rappresentazione grafica usata nella statistica demografica per descrivere la distribuzione per età di una popolazione.

Si tratta di due istogrammi disposti simmetricamente attorno all'asse verticale che rappresenta le età (o le classi di età comprendenti intervalli di 5 anni).
In ascissa è indicato l'ammontare della popolazione per ciascuna classe di età (in unità o in percentuale sul totale).

Negli Stati Uniti la popolazione è "più giovane" rispetto all'Angola: confronta, ad esempio la popolazione di 50-60 anni con quella da 0 a 9 anni.

Sì, perché

No, perché

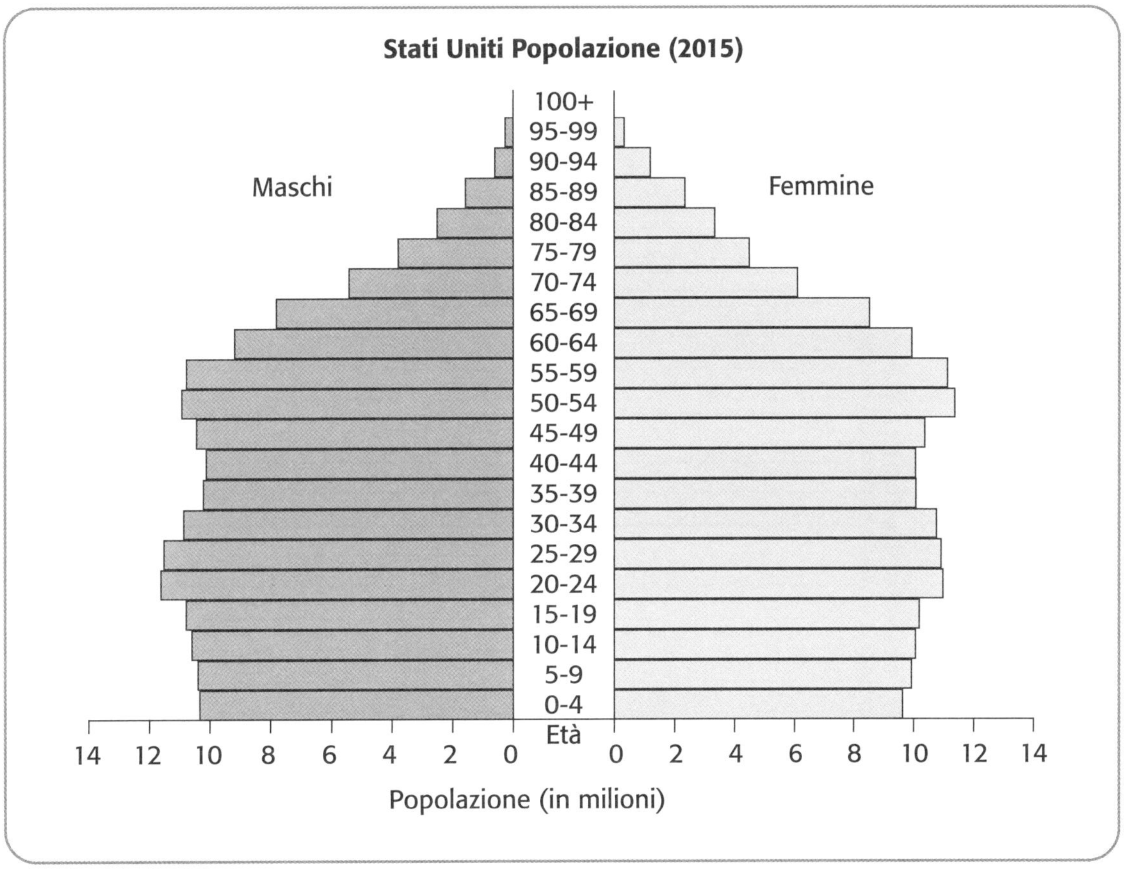

N D21. Quale espressione è equivalente a: 3 $(x + 6)$?

A. ☐ $18x + 3$
B. ☐ $9x$
C. ☐ $18x$
D. ☐ $3x + 18$

S D22. Osservando il solido dall'alto, quanti cubetti si vedono?

A. ☐ 6
B. ☐ 10
C. ☐ 15
D. ☐ 30

D D23. In una giornata libera durante una vacanza estiva, sono state proposte quattro attività, scelte dai ragazzi come indicato dal grafico.
Osserva il grafico e indica se le seguenti affermazioni sono vere o false.

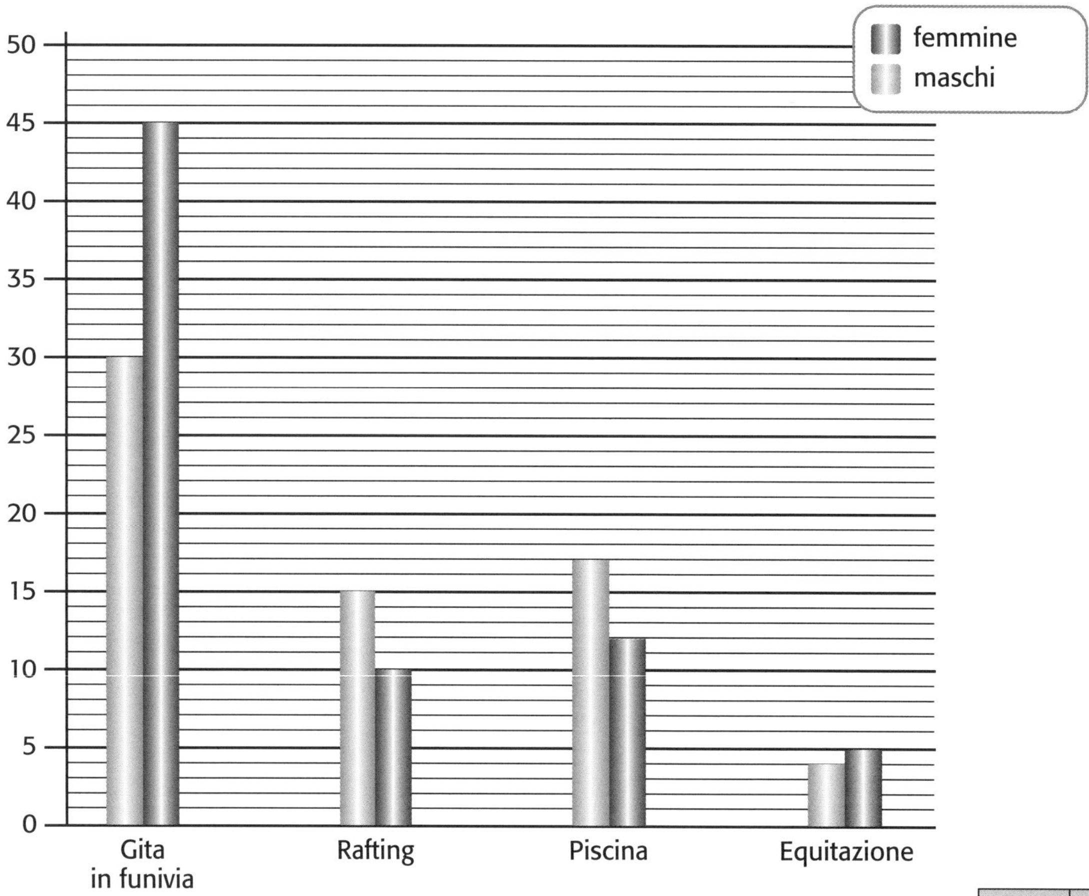

		V	F
a	I ragazzi che partecipano alla vacanza sono 109	☐	☐
b	L'attività scelta maggiormente dalle femmine è la piscina	☐	☐
c	I maschi che hanno scelto il rafting sono 15	☐	☐
d	I maschi che hanno scelto la piscina sono 12	☐	☐

S D24. **Trova il perimetro del rettangolo:**

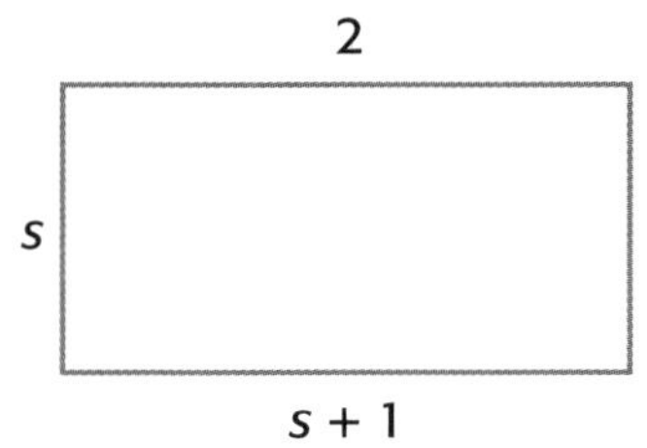

A. ☐ $3s + 3$
B. ☐ $2 + 2s + 1$
C. ☐ $s + 3$
D. ☐ $s + 2s$

N D25. **La tabella riporta le spese per un'uscita didattica di una giornata della classe 3E composta da 25 alunni.**

Quanto spenderà ogni alunno? ☐

Trasporto	600,00 €
Ingresso museo	3,50 € per alunno
Visita guidata	50,00 €
Pranzo	8,50 € per alunno
Ingresso mostra	gratuito
Visita guidata	40,00 €

S D26. **Osserva il disegno:**

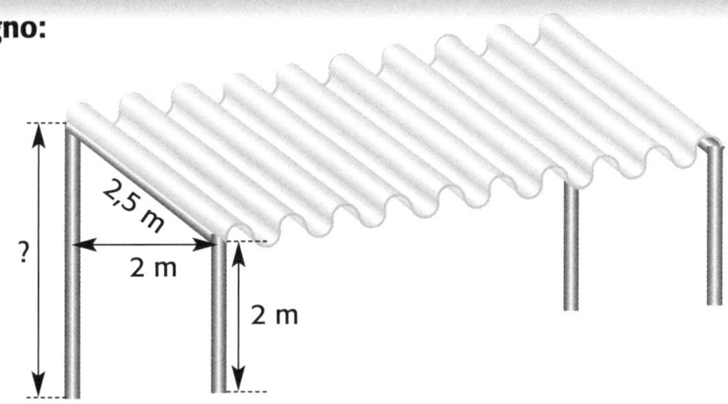

Quale numero inserisci al posto mancante?

A. ☐ 4,5 m
B. ☐ 2 m
C. ☐ 1,5 m
D. ☐ 3,5 m

S D27. Quale è lo sviluppo su un piano del solido della figura?

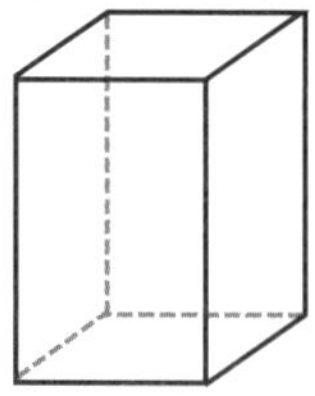

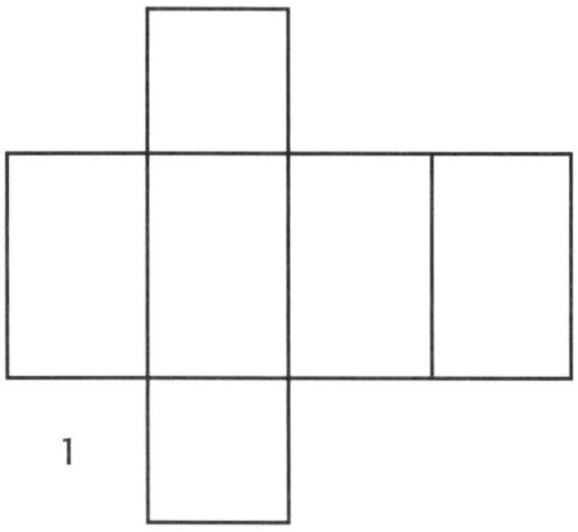

1

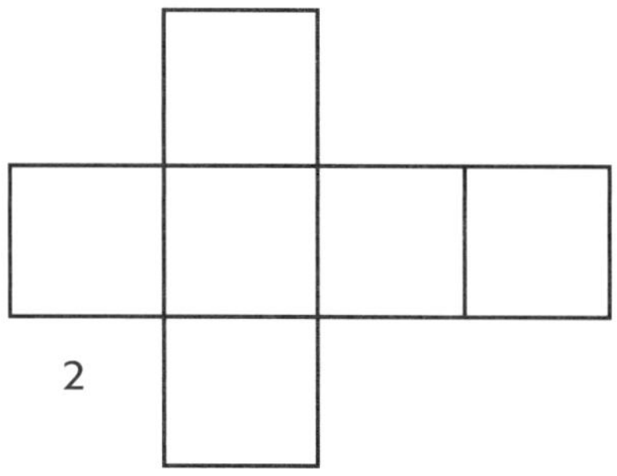

2

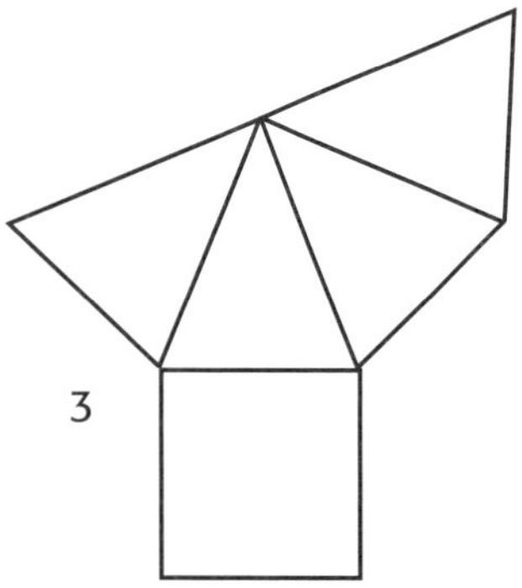

3

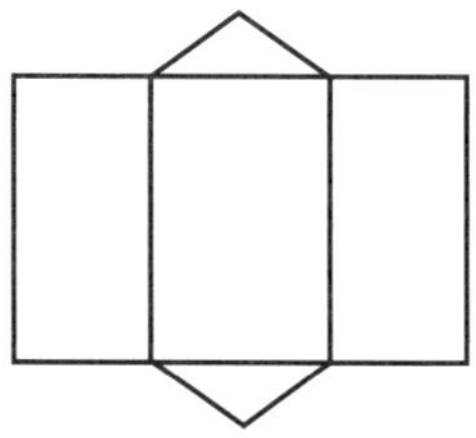

4

A. ▢ La figura 1
B. ▢ La figura 2
C. ▢ La figura 3
D. ▢ La figura 4

N D28. Il professore della 3C sta considerando due preventivi per l'uscita didattica dei suoi 24 studenti.

1° preventivo. Viaggio in pulmann. Costo del noleggio del pulmann per l'intera giornata: 210 euro.

2° preventivo. Viaggio in treno + metropolitana. Costo per ogni studente: 6,50 euro per il treno (verrà però praticato uno sconto comitiva del 10%); 3 euro per i biglietti della metropolitana.

Quale preventivo è il più conveniente?

A. ▢ 1° preventivo
B. ▢ 2° preventivo
C. ▢ Sono uguali
D. ▢ Non si possono confrontare

D D29. **Una famiglia ha sostenuto nei primi sei mesi dell'anno la seguente spesa per il vitto:**

gennaio	febbraio	marzo	aprile	maggio	giugno
625 euro	432 euro	624 euro	583 euro	486 euro	328 euro

Qual è la media mensile della spesa per il vitto? ☐

S D30. **Carlotta sta studiando il parallelepipedo e per esercitarsi misura le dimensioni di alcune confezioni che ci sono nella dispensa.**
Ecco le misure che ha ricavato

Tipo di alimento contenuto	Dimensioni base (cm)	Altezza (cm)
Cialde caffè	4 × 4	28
Crackers	8,5 × 7	9
Latte	7,5 × 7	10
Vellutata di zucca	7,5 × 4,5	14

Qual è il prodotto che occupa lo spazio maggiore?

A. ☐ Cialde caffè
B. ☐ Crackers
C. ☐ Latte
D. ☐ Vellutata di zucca

N D31. **Stefania e Daniele hanno consegnato la verifica di scienze e hanno conseguito i seguenti punteggi:**

Stefania 3 risposte esatte su 4. Daniele 4 risposte esatte su 6.
Stefania dice a Daniele: "Io avrò un voto più alto del tuo".
Daniele dice a Stefania: "No, avrò il voto più alto io, perché ho risposto a una domanda in più di te".

Quale dei due ha ragione?

A. ☐ Stefania
B. ☐ Daniele
C. ☐ Nessuno dei due
D. ☐ Non si possono confrontare frazioni diverse

D D32. Il costo dell'ingresso in piscina durante i mesi di maggio, giugno e luglio, varia in base a diverse offerte. Una di queste offerte prevede un costo di 20 euro al momento dell'iscrizione e 3 euro per ogni ingresso in piscina.

Osserva il grafico: sull'asse orizzontale è indicato il numero degli ingressi in piscina e sull'asse verticale il costo totale.

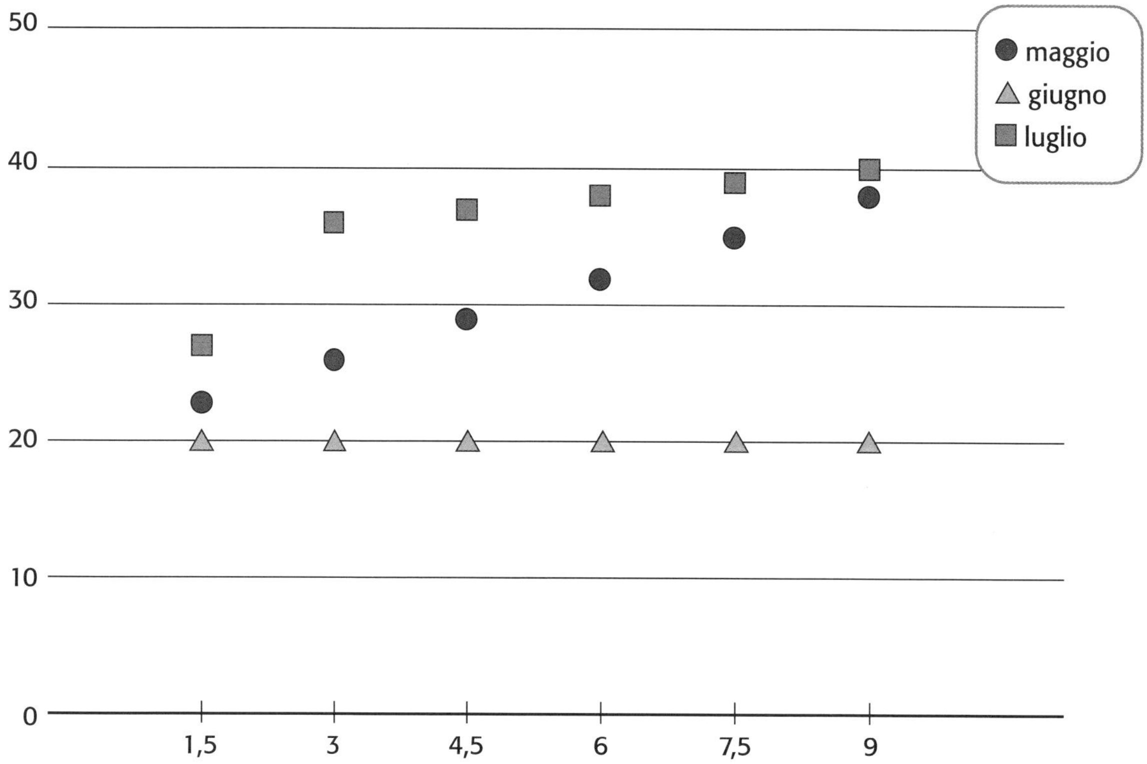

In quale mese l'offerta dell'ingresso in piscina è espresso dalla formula 20 + 3 *n*?

A. ☐ Il grafico di maggio
B. ☐ Il grafico di giugno
C. ☐ Il grafico di luglio
D. ☐ Nessuno dei tre grafici

N D33. Osserva la seguente operazione:

13,45 × 0,2 = 2,69

Completa le operazioni inserendo i numeri mancanti.

a	13,45 × 0,02 = ☐
b	☐ × 0,2 = 26,9
c	1,345 × 2 = ☐
d	1345 × ☐ = 269

D D34. Giulia ha tre pantaloni e tre magliette. Per abbinare i pantaloni con la magliette, indica con le sigle:

Bp: pantalone blu – Bm: maglietta blu;
Gp: pantalone gialli – Gm: maglietta gialla;
Vp: pantalone verde– Vm: maglietta verde.

Quale diagramma rappresenta le possibilità dei vari abbinamenti?

1

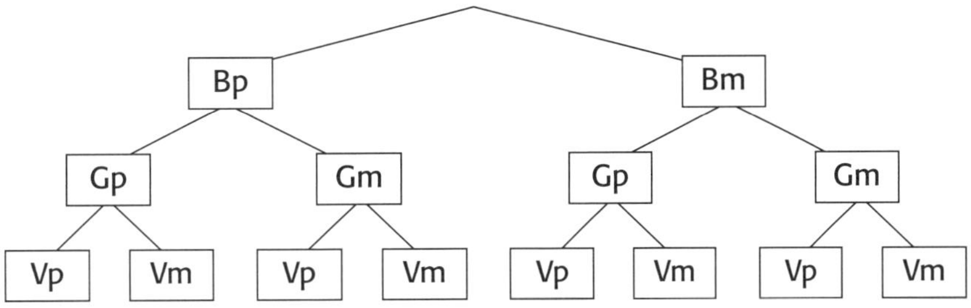

2

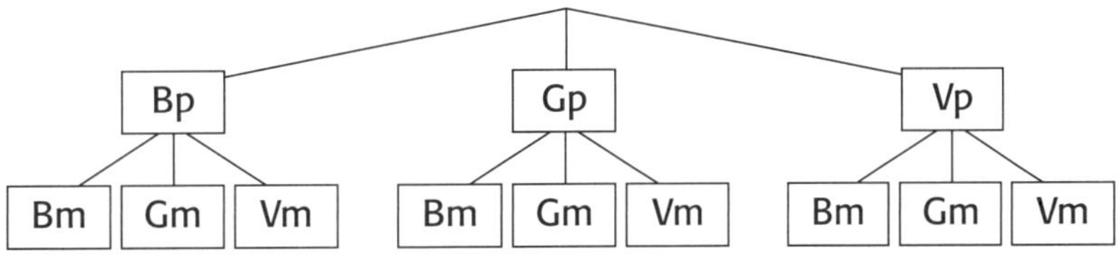

3

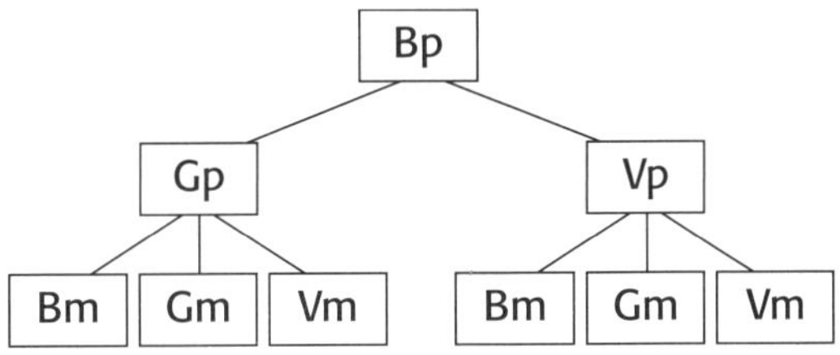

4

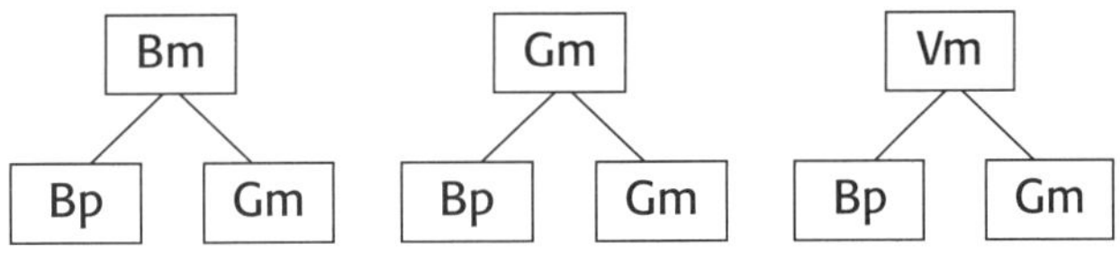

A. ☐ Diagramma 1
B. ☐ Diagramma 2
C. ☐ Diagramma 3
D. ☐ Diagramma 4

D D35. La mamma dice a Claudio: se prendi un biscotto a caso dalla scatola la probabilità di prendere un biscotto al cioccolato è $\frac{1}{3}$, mentre la probabilità di prendere un biscotto alla crema è $\frac{2}{3}$.

Se nella scatola ci sono in tutto 24 biscotti, quanti sono quelli al cioccolato?

A. ☐ 12 B. ☐ 16 C. ☐ 3 D. ☐ 8

D D36. **Giulia ha tre pantaloni (uno blu, uno giallo, uno verde) e tre magliette (una blu, una gialla, una verde).**
Se sceglie sia la maglietta sia i pantaloni a caso, qual è la probabilità che possa abbinare maglietta e pantaloni blu?

A. ☐ $\frac{1}{9}$ B. ☐ $\frac{1}{6}$ C. ☐ $\frac{1}{3}$ D. ☐ $\frac{1}{4}$

N D37. $\frac{1}{6}$ **e 0,6 indicano la stessa quantità?**

A. ☐ No, $\frac{1}{6}$ indica una quantità maggiore

B. ☐ No, $\frac{1}{6}$ indica una quantità minore

C. ☐ Sì

D. ☐ Non si possono confrontare numeri e frazioni

S D38. **Osserva le figure:**

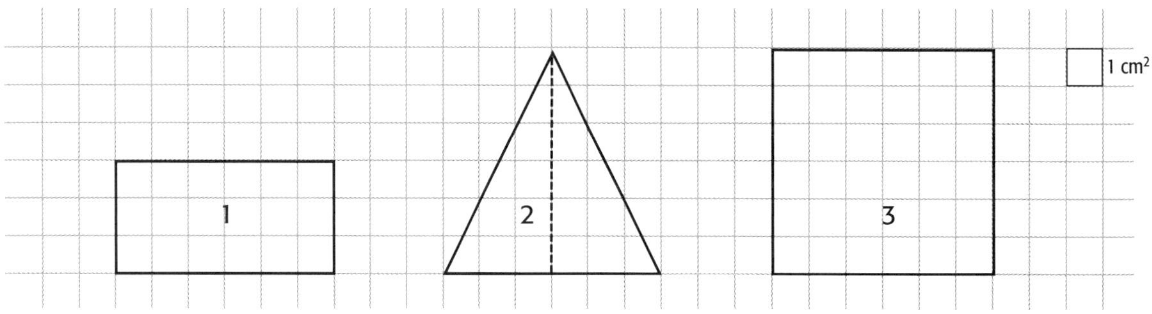

Quali figure sono equivalenti?

A. ☐ Le figure sono tutte equivalenti

B. ☐ Le figure 1 e 2 sono equivalenti

C. ☐ Le figure 1 e 3 sono equivalenti

D. ☐ Non ci sono figure equivalenti

D D39. **Quale serie di numeri ha come media 7?**

A. ☐ 9; 11,45; 8; 4,15; 3

B. ☐ 3,5; 12,5; 7,25; 6,75; 5

C. ☐ 9,5; 7,25; 6,5; 0,25; 12

D. ☐ 8,4; 7,6; 15,7; 0,3; 4

S D40. Quale retta rappresenta l'asse di simmetria della figura?

A. ☐ La retta *a*
B. ☐ La retta *b*
C. ☐ La retta *c*
D. ☐ Nessuna delle tre rette

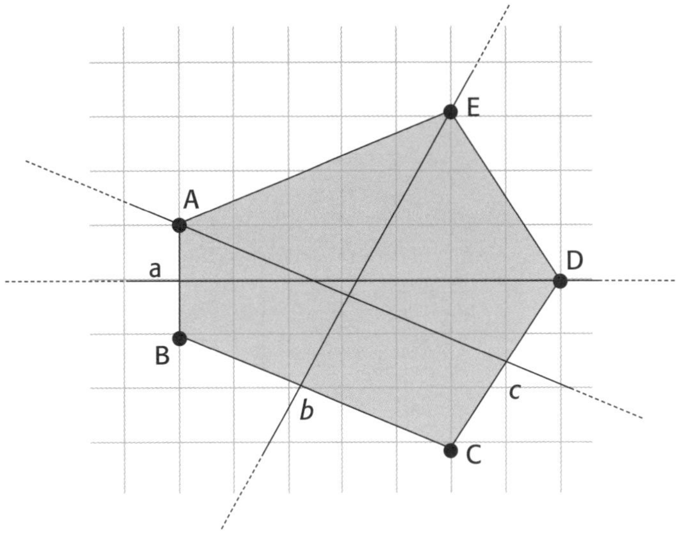

Domanda	1	2	3	4	5	6	7	8	9	10	11	12	13	14	15	16	17	18	19	20
Risposta corretta																				
Risposta errata																				

Domanda	21	22	23	24	25	26	27	28	29	30	31	32	33	34	35	36	37	38	39	40
Risposta corretta																				
Risposta errata																				

PROVA 4

S D1. Osserva le figure e indica secondo quale vettore è stata eseguita la traslazione da F a F'

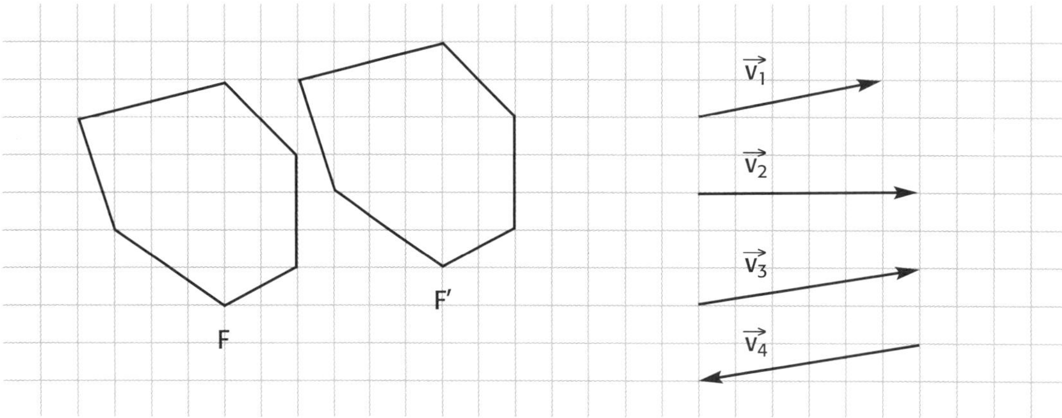

A. ▢ $\vec{v}_1$
B. ▢ $\vec{v}_2$
C. ▢ $\vec{v}_3$
D. ▢ $\vec{v}_4$

R D2. Pont du Gard è un ponte acquedotto romano a tre livelli situato nel sud della Francia. La sua altezza complessiva è di 49 metri. Sapendo che l'altezza dell'arcata inferiore supera di un metro il triplo dell'arcata superiore, mentre l'altezza dell'arcata intermedia supera di 6 metri il doppio dell'arcata superiore.

Indica quale equazione ti permette di determinare l'altezza dell'arcata superiore

A. ▢ $x + 3x + 1 + 2x + 6 = 49$
B. ▢ $x + 3x - 1 + 2x - 6 = 49$
C. ▢ $x + \left(\frac{x}{3} + 1\right) + \left(\frac{x}{2} + 6\right) = 49$
D. ▢ $x + 3x + 2x = 49 + 1 + 6$

R **D3.** **Pont du Gard è un ponte acquedotto romano a tre livelli situato nel sud della Francia. La sua altezza complessiva è di 49 metri. Sapendo che l'altezza dell'arcata inferiore supera di un metro il triplo dell'arcata superiore, mentre l'altezza dell'arcata intermedia supera di 6 metri il doppio dell'arcata superiore.**

Indica l'altezza dell'arcata intermedia

A. ☐ 22 m
B. ☐ 21 m
C. ☐ 14 m
D. ☐ 20 m

S **D4.** **Sapendo che BC || DE e che $\overline{AB} = 12$ cm, $\overline{BD} = 6$ cm e $\overline{AC} = 14$ cm**

Calcola la misura di $\overline{CE}$.

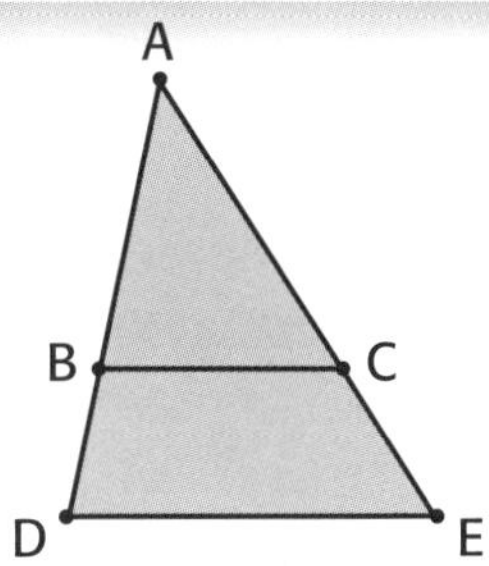

A. ☐ 7 cm
B. ☐ 6 cm
C. ☐ 12 cm
D. ☐ 3 cm

S **D5.** **Sapendo che BC || DE e che $\overline{AB} = 12$ cm, $\overline{BD} = 6$ cm e $\overline{AC} = 14$ cm**

Qual è il rapporto di similitudine tra i lati del triangolo ADE e i lati del triangolo ABC?

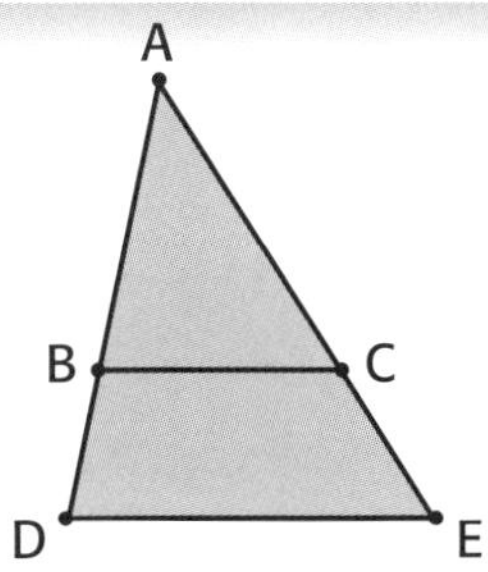

☐

D D6. Il grafico riporta i valori medi di 4 prodotti fitosanitari, 2 erbicidi: oxadiazon e quinclorac e 2 fungicidi: azoxistrobina e triciclazolo rilevati nelle acque del Piemonte delle zone in cui si coltiva il riso.

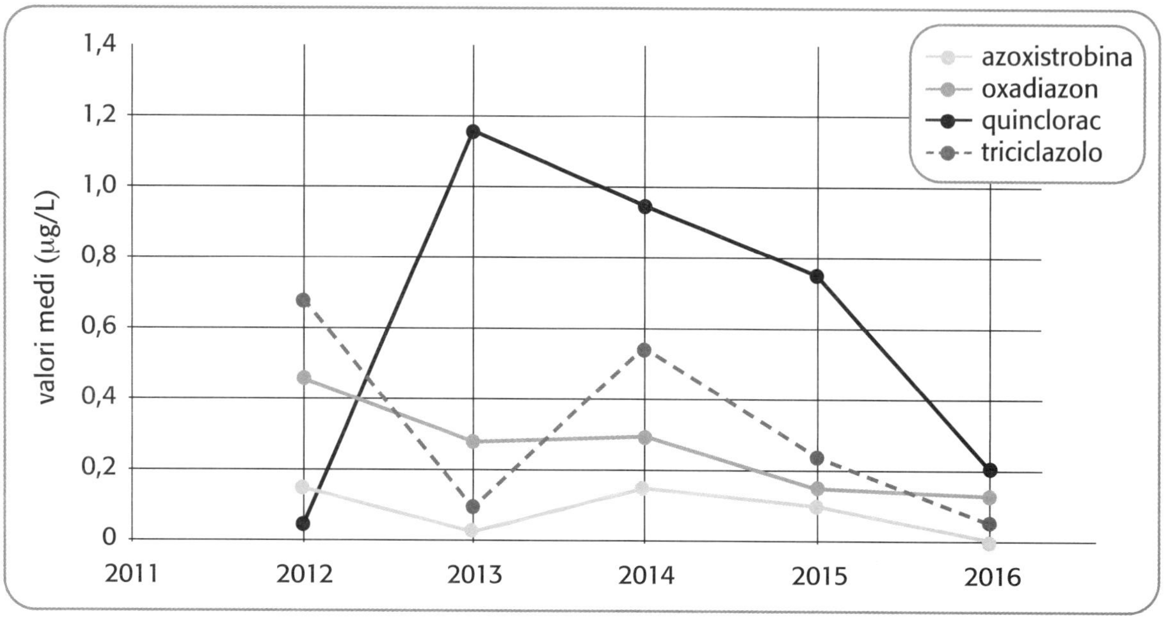

Attualmente il limite permesso dalla legge è 0.1 μg/l. Osserva il grafico e indica se le affermazioni sono vere o false

		V	F
a	Dal 2013 al 2014 è aumentato l'uso di tutti gli erbicidi.	☐	☐
b	Nel 2016 due prodotti non sono più stati utilizzati	☐	☐
c	Dal 2013 al 2016 l'uso del quinclorac si è ridotto di circa l'80%	☐	☐
d	Gli erbicidi nel 2013 e nel 2016 sono stati utilizzati più dei funghicidi	☐	☐

R D7. Il microgrammo (μg) rappresenta la millesima parte di un mg. Quale equivalenza non è corretta?

A. ☐ 100 μg = 0,0 1 mg
B. ☐ 1 μg = 0,001 mg
C. ☐ 0,1 μg = 0,0001 mg
D. ☐ 10 μg = 0,01 mg

N **D8. Edoardo ha una chiavetta da 8 GB, sulla quale ha già archiviato 450 fotografie delle vacanze e 204 canzoni e 6 film.**
Se Edoardo volesse salvare un film in più che cosa potrebbe cancellare?
Consulta la tabella e, ricordando che 1GB = 10^3 MB, rispondi

Tipo di file	Peso
Canzone	7 MB
Film (90 minuti)	700 MB
Fotografia	4 MB

A. ☐ 30 fotografie
B. ☐ 16 canzoni e 2 fotografie
C. ☐ 15 fotografie e 9 canzoni
D. ☐ 12 canzoni e 11 fotografie

N **D9. Edoardo ha una chiavetta da 8 GB, sulla quale ha già archiviato 450 fotografie delle vacanze e 204 canzoni.**
Consulta la tabella e, ricordando che 1GB = 10^3 MB, rispondi

Tipo di file	Peso
Canzone	7 MB
Film (90 minuti)	700 MB
Fotografia	4 MB

Quanti film potrà salvare, senza cancellare nulla di quanto già salvato? ☐

R D10. Il peso P di un oggetto, è direttamente proporzionale alla massa m e al valore dell'accelerazione di gravità g. Per calcolarlo utilizzi la formula:

$$P = m \cdot g$$

La tabella riporta i valori dell'accelerazione di gravità (g) sui pianeti del sistema solare.

Mercurio	3,60 m/sec^2
Venere	8,84 m/sec^2
Terra	9,81 m/sec^2
Marte	3,72 m/sec^2
Giove	24,87 m/sec^2
Saturno	10,43 m/sec^2
Urano	10,04 m/sec^2
Nettuno	12,92 m/sec^2

Immagina di trasportare un oggetto che sulla Terra ha una massa di 2 kg su un altro pianeta del sistema solare.

Aiutandoti con la tabella indica su quale pianeta si trova l'oggetto se il suo peso è di 25,8 N

A. ☐ Venere
B. ☐ Giove
C. ☐ Saturno
D. ☐ Nettuno

N D11. Il risultato di $\sqrt{3^2 - 2^2}$ corrisponde all'immagine del punto:

Se necessario puoi arrotondare il risultato ai decimi.

A. ☐ A
B. ☐ B
C. ☐ C
D. ☐ D

D D12. Il grafico rappresenta i risultati di una piccola inchiesta svolta in di tre classi prime di una scuola media, classi tutte formate da 25 alunni.

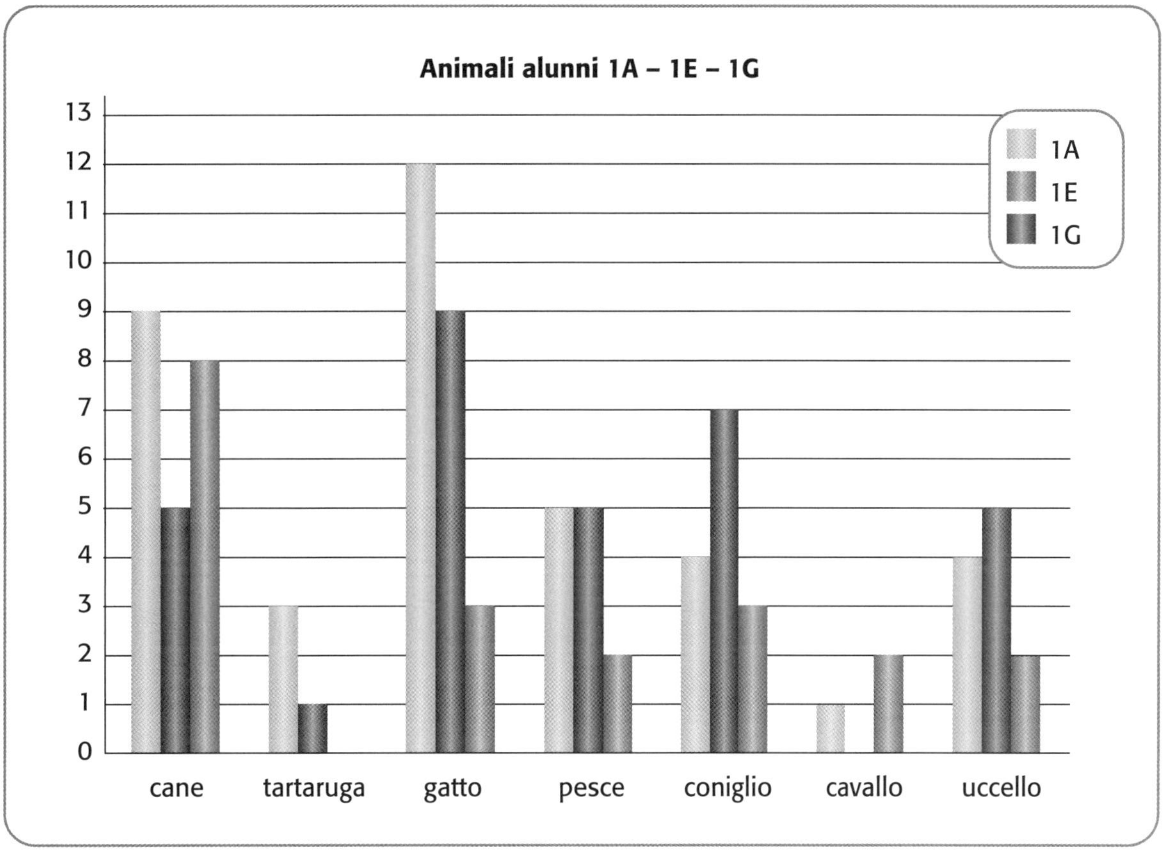

Osserva con attenzione il grafico e indica se le affermazioni sono vere o false

		V	F
a	I rettili sono gli animali meno presenti	☐	☐
b	Scegliendo a caso un alunno di 1E ci sono $\frac{3}{5}$ di probabilità che abbia un cane, un pesce o un uccello	☐	☐
c	Scegliendo a caso un alunno di queste tre prime ci sono 3 probabilità su 50 che abbia un cavallo	☐	☐
d	La moda è avere un gatto	☐	☐

N **D13. Il risultato di $\sqrt{2^2} + \sqrt{3^4}$ è:**

A. ☐ $\sqrt{5^2}$
B. ☐ 11
C. ☐ $\sqrt{5^6}$
D. ☐ 25

S **D14. Giulio ha 13 dm^2 di legno vecchio, adatto a fabbricare una cornice rustica.**

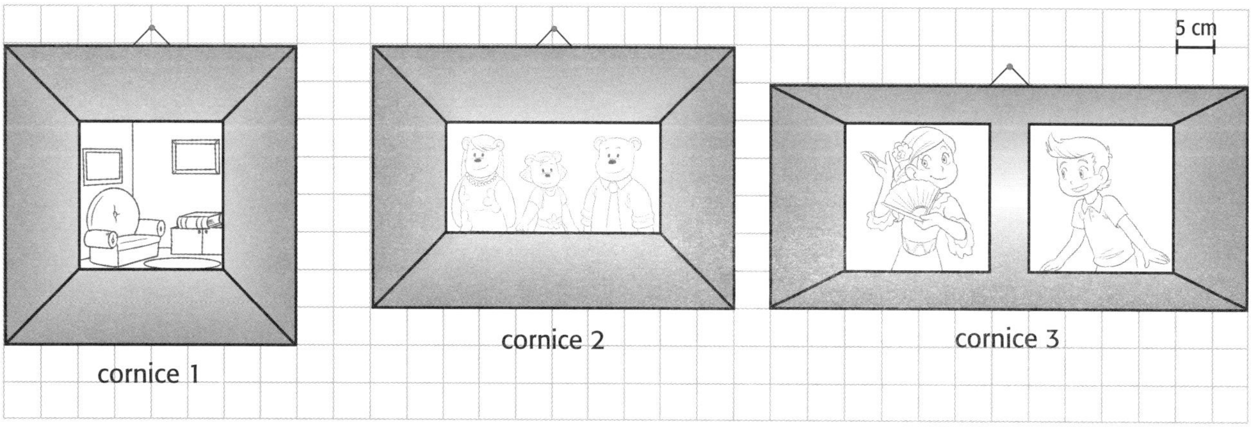

Quale tra le cornici disegnate potrà realizzare, tenendo conto che nei tagli ha uno spreco di 1,05 dm^2?

A. ☐ La cornice 1
B. ☐ La cornice 2
C. ☐ La cornice 3
D. ☐ Nessuna delle tre cornici

N **D15. Indica quale numero rende vera l'uguaglianza.**

$$0,05 : \boxed{} = 500$$

A. ☐ 10 000
B. ☐ 0,01
C. ☐ 0,0001
D. ☐ $\frac{1}{1\,000}$

D D16. **La tabella riporta le spese per il tempo libero (sport e vacanze) della famiglia di Camilla. I genitori hanno calcolato che nell'arco dell'anno questa voce, nel loro bilancio famigliare, è stata 5 700 euro.**

Periodo	Uscite in euro
1° bimestre	**445,00**
2° bimestre	**630,00**
3° bimestre	**480,00**
4° bimestre	**2 715,00**
5° bimestre	**390,00**
6° bimestre	**1 040,00**

Qual è la cifra media mensile stanziata per il tempo libero?

A. ▢ 475 euro B. ▢ 950 euro C. ▢ 5 700 euro D. ▢ 597 euro

S D17. **Osserva la figura e i dati a disposizione.**

$$\begin{cases} r // s \\ \overline{AB} = \overline{EF} = \overline{NL} = \overline{OP} \end{cases}$$

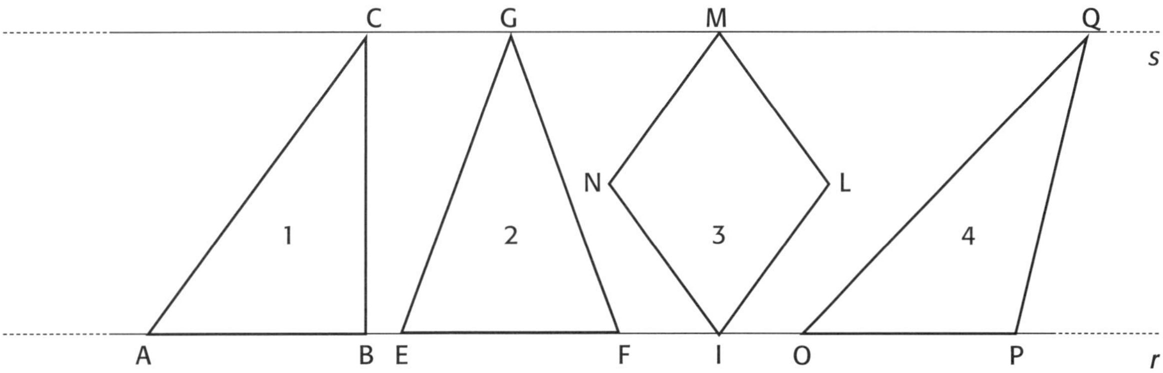

Quale affermazione è corretta?

A. ▢ I quattro poligoni sono isoperimetrici
B. ▢ Solo i triangoli sono equivalenti
C. ▢ Non ci sono figure equivalenti
D. ▢ I quattro poligoni sono equivalenti

D18. **Considera il grafico che indica la crescita demografica dal 1750 al 2050:**

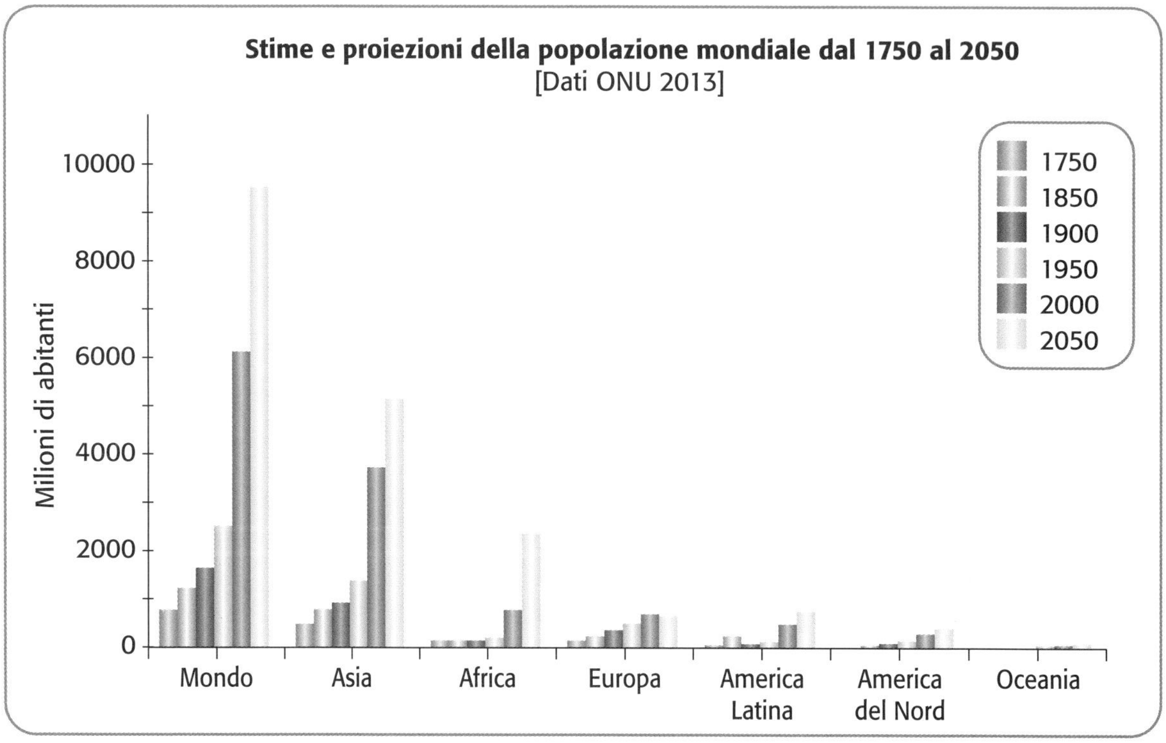

Indica se le seguenti affermazioni sono vere o false.

		V	F
a	In Europa dal 1750 al 2000 la popolazione è sempre aumentata	☐	☐
b	In Africa la popolazione è sempre aumentata	☐	☐
c	La popolazione mondiale dal 1950 al 2050 risulterà triplicata	☐	☐
d	Si prevede che nel 2050 il numero di abitanti in Africa sarà maggiore rispetto a tutti gli altri continenti	☐	☐

D19. **Lanciando contemporaneamente 3 dadi, qual è la probabilità che escano tre numeri pari?**

A. ☐ $\frac{1}{3}$

B. ☐ $\frac{1}{2}$

C. ☐ $\frac{1}{8}$

D. ☐ $\frac{3}{2}$

D20. **Nella figura è rappresentato un campo per pallavolo. L'area di gioco è di forma rettangolare e comprende il campo di gioco (diviso in due settori di 9 m per 9 m, in tutto 18 m, separati dalla rete, e delimitato da linee che fanno parte del campo stesso), e la zona libera cioè la superficie esterna alle linee di delimitazione del campo.**

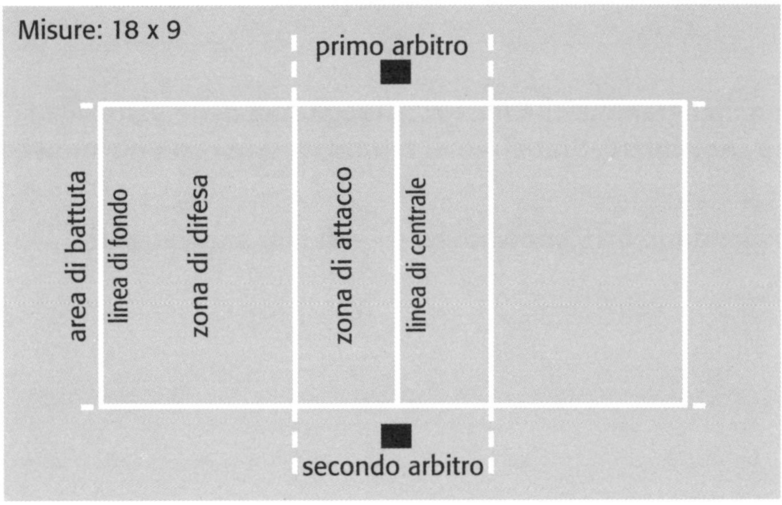

La zona d'attacco in ogni settore ha un'area di 27 m^2.

Quanto misura la zona di difesa?

A. ☐ 5 400 cm^2

B. ☐ 162 m^2

C. ☐ 108 m^2

D. ☐ 54 m^2

D21. **Calcola quanto misurano il perimetro e l'area del parallelogrammo in funzione di *x*.**

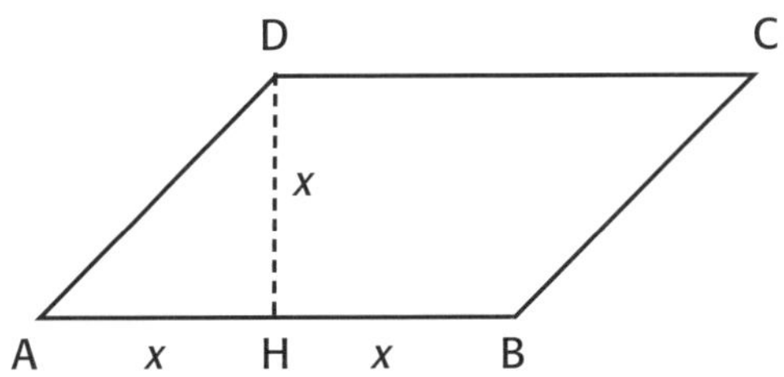

2p =

A =

N **D22. Paolo deve realizzare un ideogramma che illustri la lunghezza delle piste dove generalmente pratica lo snowboard. Stabilisce di rappresentare con uno snowboard 150 m di pista.**

Con quanti snowboard rappresenterà una pista lunga 1200 m? ☐

R **D23. Paolo deve realizzare un ideogramma che illustri la lunghezza delle piste dove generalmente pratica lo snowboard. Stabilisce di rappresentare con uno snowboard 150 m di pista.**

Quanti chilometri corrispondono a 15 snowboard + $\frac{2}{3}$ di uno snowboard?

A. ☐ 3,750 km
B. ☐ 2 362,5 km
C. ☐ 2,2507 km
D. ☐ 2,35 km

N **D24. Quale tra le seguenti disuguaglianze è falsa?**

A. ☐ $\left(\frac{7}{5}\right)^2 > \frac{49}{40}$

B. ☐ $6,\overline{3} < \frac{48}{5}$

C. ☐ $\left(\frac{3}{5}\right)^0 < \frac{3}{4}$

D. ☐ $\frac{3}{10} < 1,\overline{3}$

R **D25. I ragazzi che lavorano nella Pizzeria "Margherita", si dividono le mance in parti direttamente proporzionali ai tavoli serviti. Nelle serate di sabato e domenica hanno incassato 224 euro di mance. Pietro ha servito 36 tavoli, Marta ne ha serviti 20, Andrea ne ha serviti 24 tavoli e Sara 32. Quanto ritirano Sara e Marta?**

A. ☐ Marta 11,20 euro e Sara 32 euro
B. ☐ Marta 40 euro e Sara 64 euro
C. ☐ Marta 10 euro e Sara 16 euro
D. ☐ Marta 48 euro Sara 64 euro

D D26. L'areogramma rappresenta le vendite della libreria "Libri & Co." nel secondo e nel terzo trimestre dell'anno.

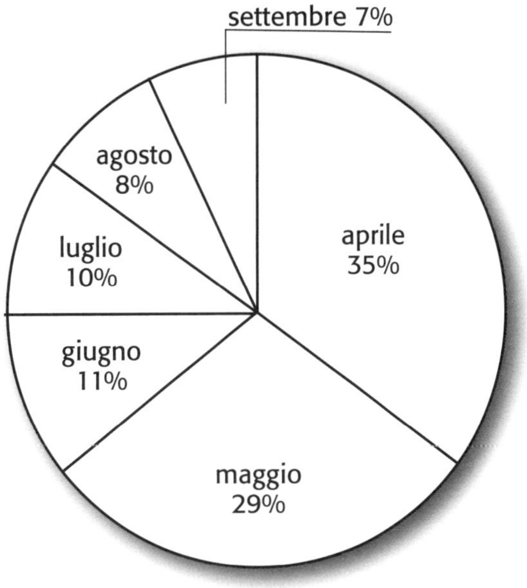

Sapendo che le vendite totali corrispondono a 2 500 libri, indica quale affermazione è <u>falsa</u>.

A. ☐ Nel mese di aprile sono stati venduti 875 libri

B. ☐ Nel mesi di giugno, luglio e agosto le vendite complessivamente sono state uguali a quelle di maggio

C. ☐ Tra agosto e settembre sono state i $\frac{1}{25}$ delle vendite totali

D. ☐ Tra giugno e luglio sono stati venduti 525 libri

R D27. Qual è il risultato della seguente espressione letterale?

$3a + 3b - 7x - 7b - 2a + x$

A. ☐ $a - 4b - 6x$

B. ☐ $-10abx$

C. ☐ $4a + 10b + 8x$

D. ☐ $-8x + 4b$

R D28. Quale valore assume l'espressione letterale se $a = -1$; $b = -2$; $x = -3$?

$3a + 3b - 7x - 7b - 2a + x$

Il valore è ☐

D **D29.** **Nell'albergo "La Stella Alpina" per colazione si può scegliere come bevande: caffè, cappuccino, latte, cioccolata, thè, ed è possibile mangiare: fette biscottate e marmellata, croissant, torta di mele o frutta. Quanti tipi di colazione diverse puoi ottenere combinando bevande e cibi?**

A. ▢ 5
B. ▢ 20
C. ▢ 16
D. ▢ 28

N **D30.** $\sqrt{2^4} \times \sqrt{3^2} \times \sqrt{5^2} =$

A. ▢ $2^2 \times 3 \times 5$
B. ▢ $8 \times 9 \times 10$
C. ▢ 308
D. ▢ 3 600

S **D31.** **Osserva le due figure**

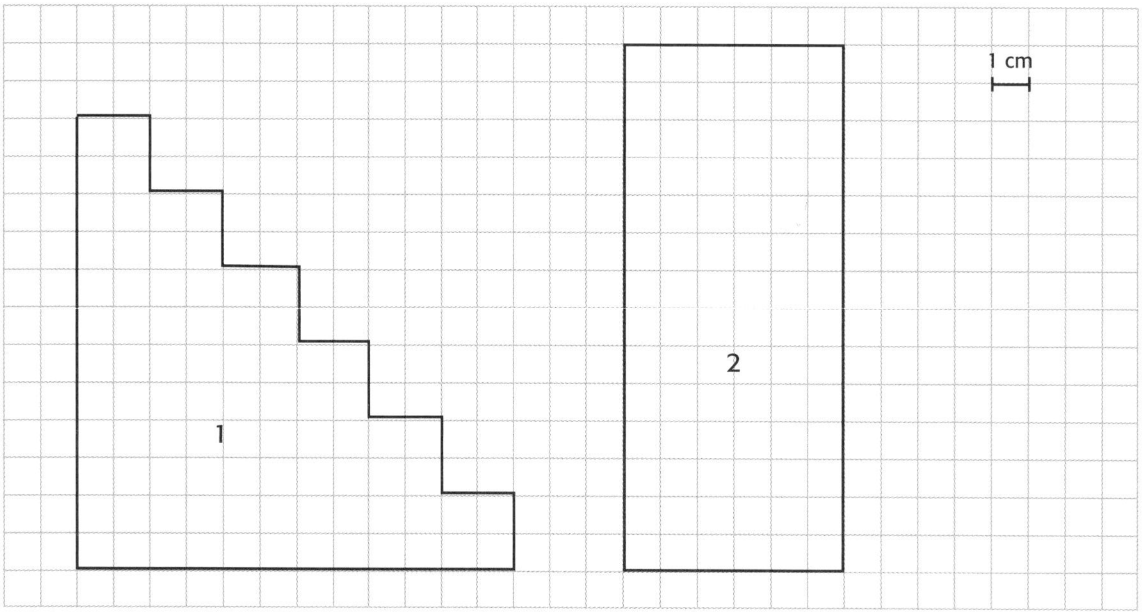

È corretto affermare che le due figure sono sia isoperimetriche che equivalenti?

Sì, perché $2p_1 =$ ▢ $2p_2 =$ ▢ $A_1 =$ ▢ $A_2 =$ ▢

No, perché $2p_1 =$ ▢ $2p_2 =$ ▢ $A_1 =$ ▢ $A_2 =$ ▢

N D32. **Lo zio Sebastiano lascia in eredità 30 000 m² di terreno ai nipoti Filippo, Fabio, Fulvio e Francesco.**

A Fabio lascia la metà di quanto possiede, a Filippo $\frac{1}{3}$ di quanto rimane, a Francesco $\frac{1}{2}$ di quanto ha lasciato a Filippo e quanto rimane a Fulvio.

Quanto terreno eredita Fulvio?

A. ☐ 7 500 m^2
B. ☐ 5 000 m^2
C. ☐ 10 000 m^2
D. ☐ 2 500 m^2

D D33. **Il grafico si riferisce ai mezzi pubblici – autobus, metropolitane e tram – disponibili ogni 100 000 abitanti in sette capitali europee.**

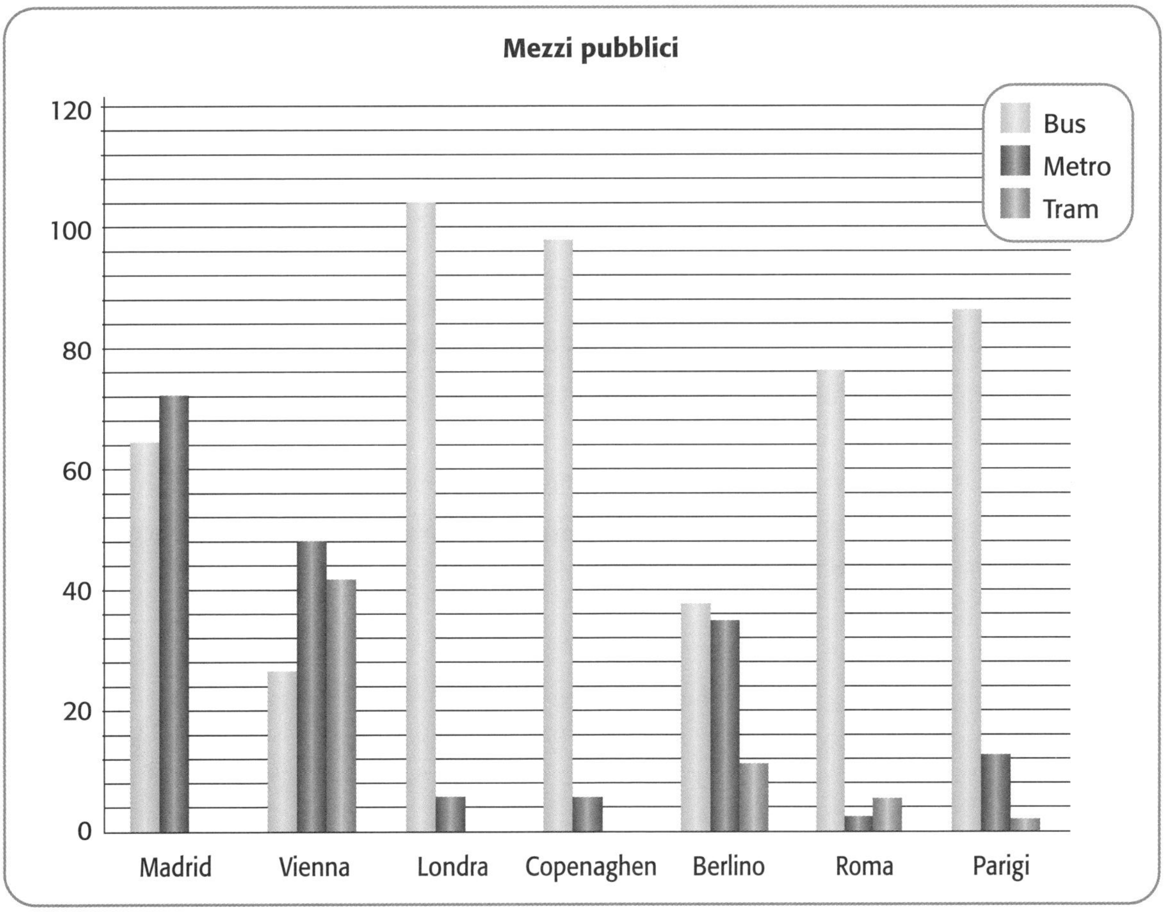

Londra ha 104 autobus ogni 100 000 abitanti. Qual è il rapporto percentuale autobus per abitante? ☐

D **D34. Il grafico si riferisce ai mezzi pubblici – autobus, metropolitane e tram – disponibili ogni 100 000 abitanti in sette capitali europee.**

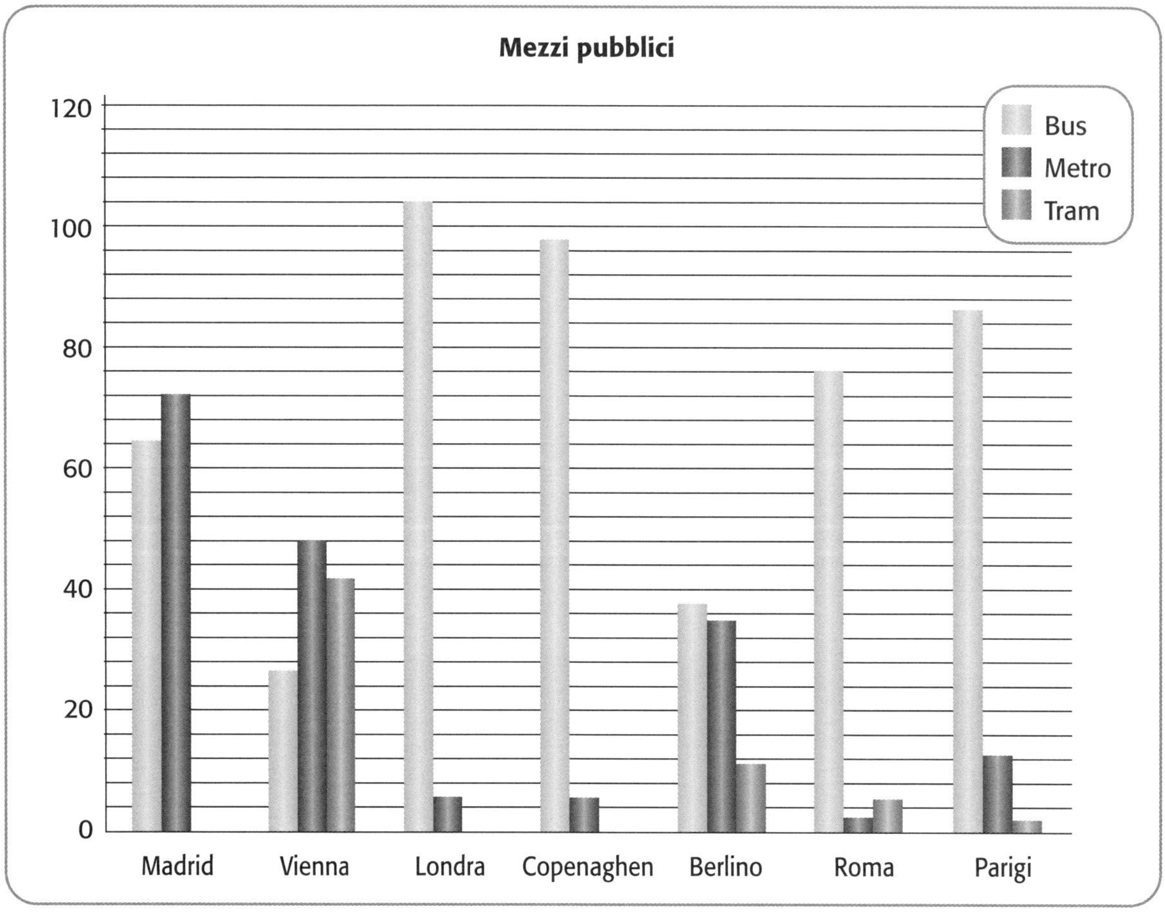

Osservalo con attenzione e indica quale affermazione è vera.

A. ☐ Madrid e Londra hanno come punto di forza il trasporto con gli autobus

B. ☐ I tram sono presenti solo in quattro capitali

C. ☐ Londra e Parigi sono le capitali in cui si è investito di più in autobus

D. ☐ Gli abitanti di Madrid sono quelli che hanno a disposizione il maggior numero di mezzi pubblici

R **D35. Dati due numeri naturali *a* e *b*, $0 \leq a < 4$ e $b \leq 8$ fra quali numeri è compresa la somma *s* di $3a + 2b$?**

A. ☐ $1 < s \leq 12$ B. ☐ $0 \leq s \leq 25$ C. ☐ $0 \leq s \leq 28$ D. ☐ $1 \leq s \leq 25$

S D36. L'abitazione di Carlotta ha un living di 4,80 m × 5,60 m.
Che dimensioni avrà in una piantina catastale 1 : 200 ?

A. ☐ 4,8 cm × 5,6 cm
B. ☐ 0,24 cm × 0,28 cm
C. ☐ 24 mm × 28 mm
D. ☐ 0,024 cm × 0,028 cm

S D37. Rebecca sta inscatolando libri e oggetti della sua camera per il trasloco nella nuova casa e dispone gli scatoloni pronti numerandoli da sinistra verso destra e dal basso verso l'alto. Per motivi di spazio, può occupare il pavimento al massimo con 3 file, ognuna costituita da 4 scatoloni.

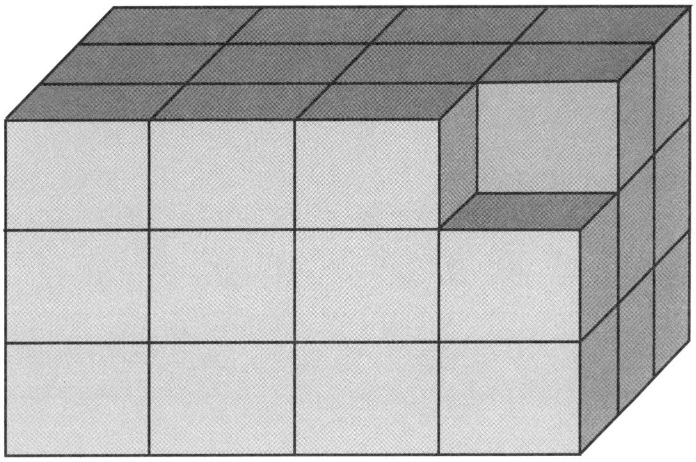

Le dimensioni di uno scatolone in centimetri sono 40 × 30 × 30. Qual è l'ingombro degli scatoloni nella camera di Rebecca?

A. ☐ 36 000 cm^2 B. ☐ 1,26 m^3 C. ☐ 36 dm^3 D. ☐ 396 dm^3

R D38. Luca possiede il doppio delle figurine di Carlo. Marco ne ha la metà di Luca, mentre Francesco ne ha un terzo di Marco. Giovanni, infine, ne ha la metà di Francesco. Scrivi l'equazione che ti permette di trovare il numero di figurine dei cinque amici, sapendo che complessivamente hanno 162 figurine.

D **D39.** **Il grafico confronta i dati relativi alla disoccupazione in Italia con il tasso di disoccupazione medio nella zona euro (19 paesi)**

fonte: http://www.programmazioneeconomica.gov.it/

Osservalo con attenzione e indica quale affermazione non è corretta

A. ▢ Nel 2007 la disoccupazione in Italia è stata inferiore al 6%

B. ▢ Dal 2000 al 2007 il tasso di disoccupazione si è ridotto circa del 4,5%

C. ▢ In Italia la media dei disoccupati negli ultimi dieci anni è stata sempre inferiore alla media dei 19 paesi della zona euro

D. ▢ Dal 2015 al 2017 la disoccupazione si è ridotta di circa 1,5%

S D40. Osserva la figura che rappresenta un solido incollato su un piano di legno. Qual è la superficie che potresti dipingere di blu?

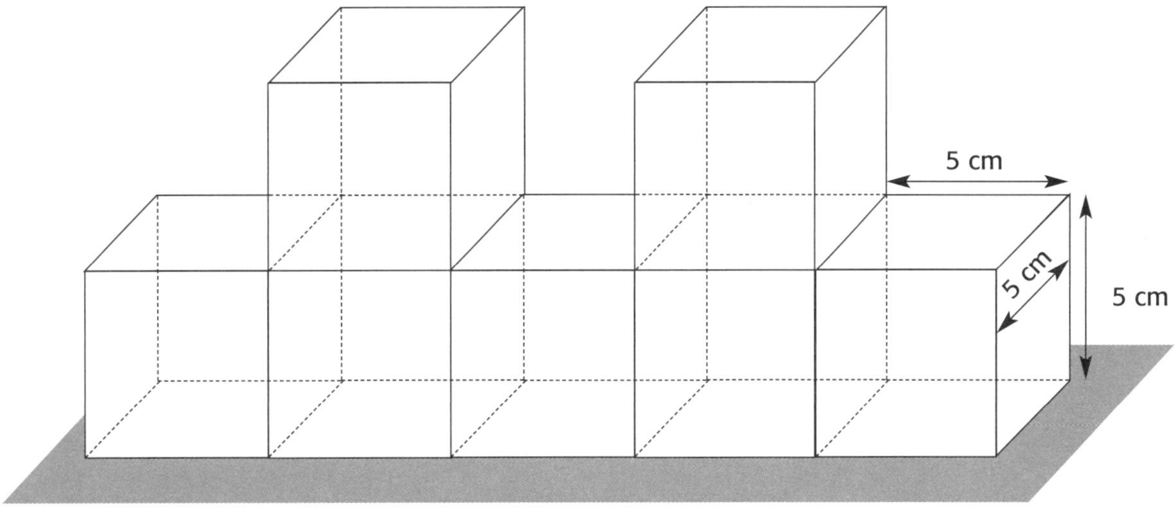

A. ▢ 1 050 cm^2
B. ▢ 925 cm^2
C. ▢ 500 cm^2
D. ▢ 625 cm^2

Domanda	1	2	3	4	5	6	7	8	9	10	11	12	13	14	15	16	17	18	19	20
Risposta corretta																				
Risposta errata																				

Domanda	21	22	23	24	25	26	27	28	29	30	31	32	33	34	35	36	37	38	39	40
Risposta corretta																				
Risposta errata																				

PROVA 5 DISPONIBILE ONLINE ANCHE IN FORMATO CBT

N D1. Indica quale affermazione è FALSA.

A. ☐ Ogni numero negativo è minore di ogni numero positivo
B. ☐ Ogni numero negativo è maggiore di ogni numero positivo
C. ☐ Tra due numeri negativi è maggiore quello che ha minore valore assoluto
D. ☐ Tra due numeri positivi è maggiore quello che ha maggiore valore assoluto

N D2. Qual è la soluzione esatta della frazione?

$$\frac{s^2}{s^{-3}}$$

A. ☐ s^5
B. ☐ s^{-1}
C. ☐ s^{-6}
D. ☐ s^{-5}

D D3. Il grafico mostra il cambiamento dello stato fisico dell'acqua al variare della temperatura (asse *y*) e del tempo trascorso (asse *x*).

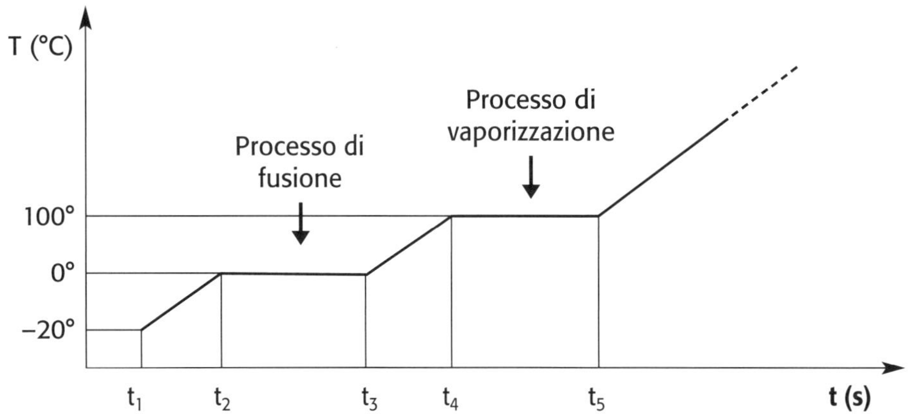

Osserva il grafico e indica se le affermazioni sono vere o false.

		V	F
a	Per tutto il tempo in cui l'acqua si trova allo stato solido e liquido contemporaneamente (processo di fusione), la temperatura si mantiene costante	☐	☐
b	Tra t_1 e t_2 la temperatura si mantiene costante	☐	☐
c	Il processo di fusione inizia a –20°C	☐	☐
d	Tra t_4 e t_5 la temperatura si mantiene costante	☐	☐

S D4. **Il triangolo ABC ha la base AB lunga 20 cm e l'altezza ad essa relativa di 12 cm.**
I punti M ed N dividono l'altezza in tre parti congruenti.
Osserva con attenzione la figura e indica se le affermazioni sono vere o false.

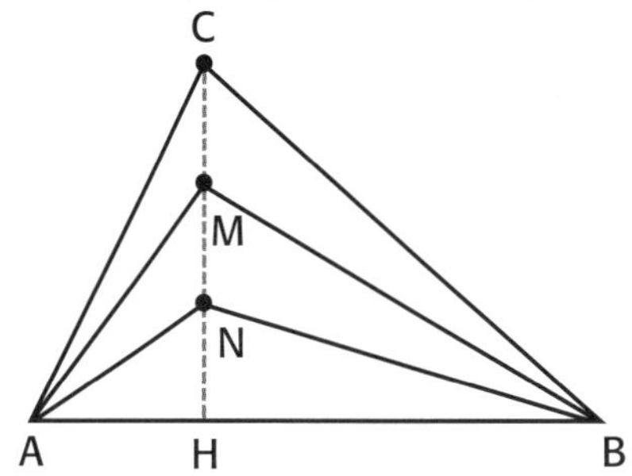

		V	F
a	L'area del triangolo *AMB* misura 160 cm^2	▢	▢
b	L'area del triangolo *ANB* è $\frac{1}{2}$ dell'area del triangolo *AMB*	▢	▢
c	L'area del triangolo *ABC* è $\frac{2}{3}$ dell'area del triangolo *AMB*	▢	▢
d	I triangoli *AHC, AHN, AHM* sono simili	▢	▢

N D5. **Grazia compra una qualità di tè che viene venduta in 10 bustine da 1,25 g a 5,25 euro, mentre Giuliana compra un'altra qualità di tè che viene venduta in 10 bustine da 2 g a 8,25 euro. Qual è la qualità più conveniente?**

A. ▢ Quella che compra Grazia
B. ▢ Quella che compra Giuliana
C. ▢ Sono uguali
D. ▢ Non si può paragonare perché sono quantità diverse

S D6. **Nella figura sono scritte le misure delle aree dei quadrati costruiti su due lati di un triangolo rettangolo.**

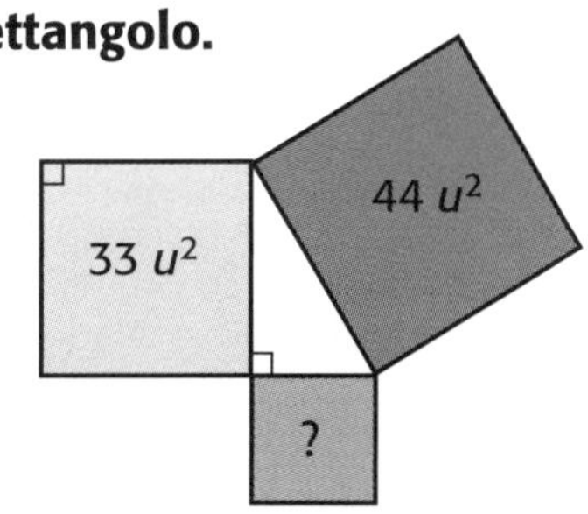

Quanto misura l'area del quadrato costruito sul terzo lato del triangolo rettangolo?

A. ▢ 11 u^2 B. ▢ 77 u^2 C. ▢ $\sqrt{44^2 - 33^2}\ u^2$ D. ▢ $\sqrt{44^2 + 33^2}\ u^2$

S D7. Osserva il trapezio:

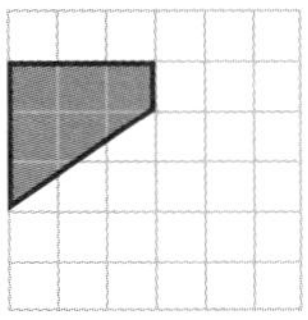

Quali tra questi è ottenuto mediante una traslazione del trapezio assegnato?

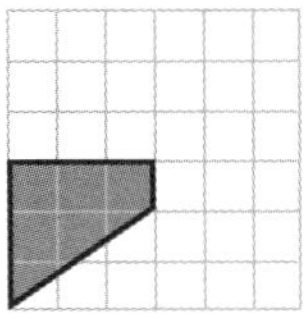
figura 1

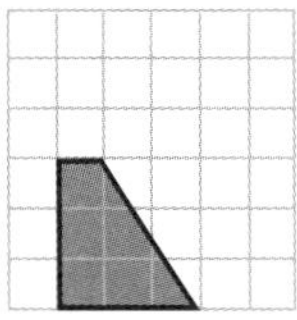
figura 2

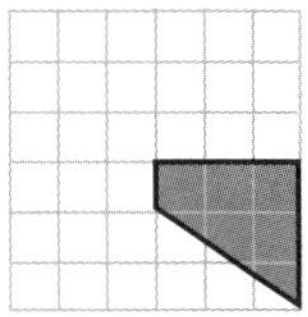
figura 3

A. ☐ La figura 1
B. ☐ La figura 2
C. ☐ La figura 3
D. ☐ Nesuna figura

R D8. Carlo vuole iscriversi ad un corso di ginnastica in palestra, il cui costo è di 30 euro al mese.

Il grafico mostra come varia il costo, indicato con d, in funzione del tempo, indicato con t, in mesi, per la frequenza al corso in palestra.

Completa la funzione che descrive la variazione del costo in funzione del tempo:

$d =$ ☐ t

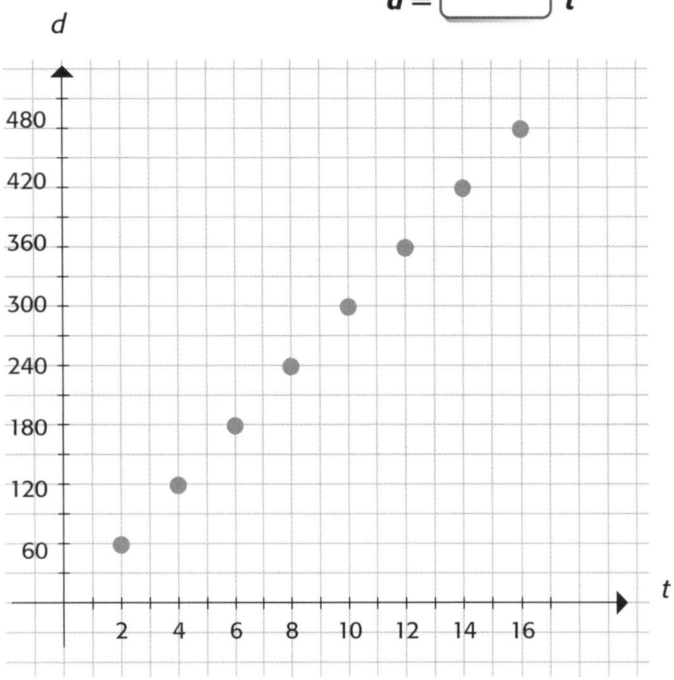

R **D9.** **Carlo vuole iscriversi ad un corso di ginnastica in palestra, il cui costo è di 30 euro al mese.**

Il grafico mostra come varia il costo, indicato con d, in funzione del tempo, indicato con t, in mesi, per la frequenza al corso in palestra.

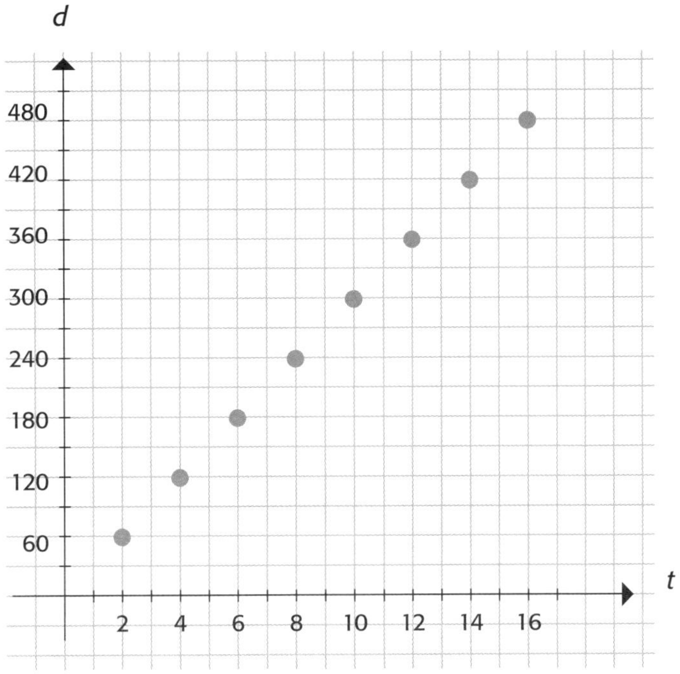

Completa la tabella, inserendo nella casella il dato mancante:

t	*d*
1	30
2	60
3	90
...	...
24	☐

N **D10.** **Quale espressione è equivalente a $7x + x$?**

A. ☐ x^8

B. ☐ $8x^2$

C. ☐ $8x$

D. ☐ $x + 8$

S **D11. Quanto misura il lato del triangolo indicato con *t*?**

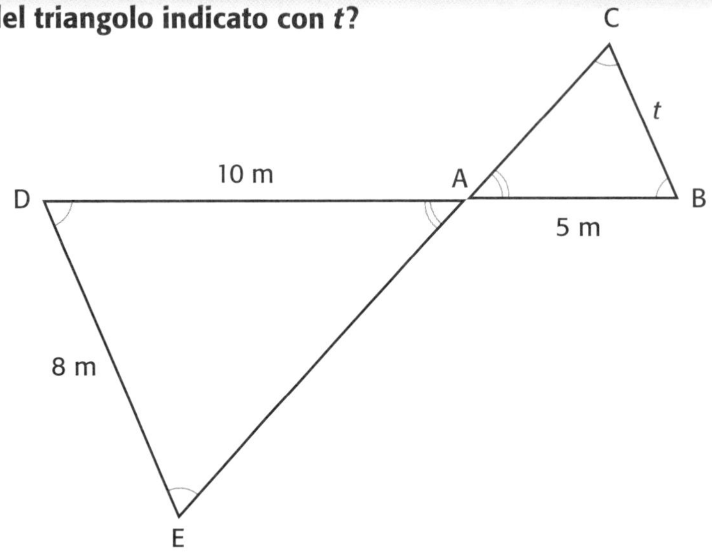

A. ☐ 8 m
B. ☐ 4 m
C. ☐ 5 m
D. ☐ 10 m

D **D12. La mamma di Benedetta deve somministrare lo sciroppo alla sorellina Lavinia di 20 mesi. Legge le dosi giornaliere consigliate:**

Sciroppo: flacone da 120 ml

- **Bambini di peso compreso tra 7 e 10 kg** (approssimativamente tra i 6 e i 18 mesi): 5 ml alla volta (corrispondenti a 120 mg di paracetamolo), da ripetere se necessario dopo 6 ore, senza superare le 4 somministrazioni al giorno.
- **Bambini di peso compreso tra 11 e 12 kg** (approssimativamente tra i 18 e i 24 mesi): 5 ml alla volta (corrispondenti a 120 mg di paracetamolo), da ripetere se necessario dopo 4 ore, senza superare le 6 somministrazioni al giorno.
- **Bambini di peso compreso tra 13 e 20 kg** (approssimativamente tra i 2 e i 7 anni): 7,5-10 ml alla volta (corrispondenti a 180 e 240 mg di paracetamolo), da ripetere se necessario dopo 6 ore, senza superare le 4 somministrazioni al giorno.
- **Bambini di peso compreso tra 21 e 25 kg** (approssimativamente tra i 6 e i 10 anni): 10 ml alla volta (corrispondenti a 240 mg di paracetamolo), da ripetere se necessario dopo 4 ore, senza superare le 6 somministrazioni al giorno.

Considerando il massimo delle somministrazioni giornaliere, per quanti giorni sarà sufficiente il flacone di sciroppo?

A. ☐ 6
B. ☐ 4
C. ☐ 3
D. ☐ 20

D D13. La mamma di Benedetta deve somministrare lo sciroppo alla sorellina Lavinia di 20 mesi. Legge le dosi giornaliere consigliate:

Sciroppo: flacone da 120 ml

- **Bambini di peso compreso tra 7 e 10 kg** (approssimativamente tra i 6 e i 18 mesi): 5 ml alla volta (corrispondenti a 120 mg di paracetamolo), da ripetere se necessario dopo 6 ore, senza superare le 4 somministrazioni al giorno.
- **Bambini di peso compreso tra 11 e 12 kg** (approssimativamente tra i 18 e i 24 mesi): 5 ml alla volta (corrispondenti a 120 mg di paracetamolo), da ripetere se necessario dopo 4 ore, senza superare le 6 somministrazioni al giorno.
- **Bambini di peso compreso tra 13 e 20 kg** (approssimativamente tra i 2 e i 7 anni): 7,5-10 ml alla volta (corrispondenti a 180 e 240 mg di paracetamolo), da ripetere se necessario dopo 6 ore, senza superare le 4 somministrazioni al giorno.
- **Bambini di peso compreso tra 21 e 25 kg** (approssimativamente tra i 6 e i 10 anni): 10 ml alla volta (corrispondenti a 240 mg di paracetamolo), da ripetere se necessario dopo 4 ore, senza superare le 6 somministrazioni al giorno.

Quanti mg di paracetamolo assumerà Lavinia al massimo al giorno?

A. ☐ 960
B. ☐ 480
C. ☐ 96
D. ☐ 720

D D14. Osserva i seguenti dati:

10 18 18 *x* 14

Quale numero devi mettere al posto di *x* perché la media sia 14?

A. ☐ 10
B. ☐ 18
C. ☐ 14
D. ☐ 15

DISPONIBILE ONLINE ANCHE IN FORMATO CBT

S D15. Partendo dal punto K, punto medio del lato AB, e ritornando allo stesso punto, percorri più strada seguendo i lati dell'esagono o della stella?

A. ▢ Seguendo i lati dell'esagono
B. ▢ Seguendo i lati della stella
C. ▢ La strada percorsa è uguale
D. ▢ Non si puo dire perché non ci sono le misure

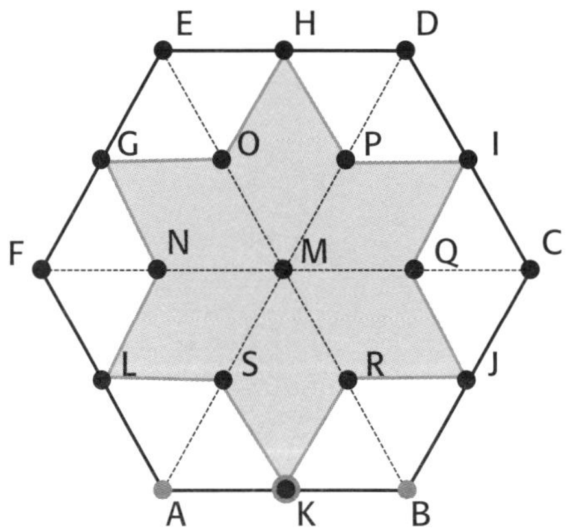

R D16. Quanto misura l'angolo relativo all'arco BC?

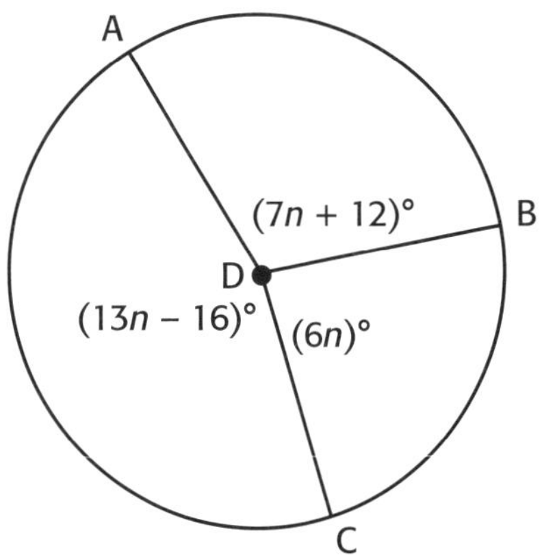

▭

N D17. Se *n* è un numero negativo, quali delle seguenti operazioni ha come risultato il numero minore?

A. ▢ $2n + \frac{1}{2}$ B. ▢ $2n \times \frac{1}{2}$ C. ▢ $2n : \frac{1}{2}$ D. ▢ $2n - \frac{1}{2}$

D18. **Il grafico mostra il consumo di acqua nel Mondo. L'Organizzazione Mondiale della Sanità e le Nazioni Unite hanno indicato (linea grigia nel Grafico) il consumo minimo giornaliero per la sopravvivenza dignitosa e accettabile di una persona.**

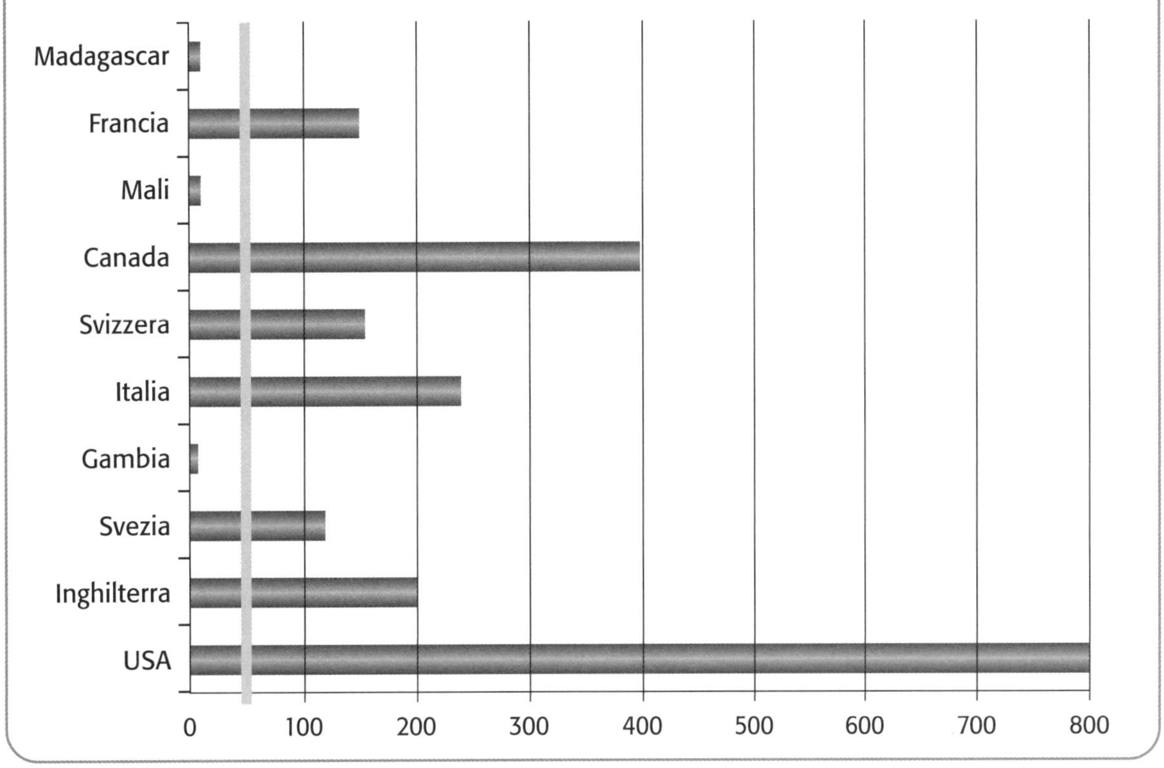

Indica quale tra le seguenti affermazioni è falsa.

A. ☐ 50 litri di acqua sono il consumo minimo giornaliero per la sopravvivenza dignitosa ed accettabile di una persona

B. ☐ Negli USA il consumo di acqua è il doppio rispetto al Canada

C. ☐ In Italia, Francia e Inghilterra il consumo giornaliero medio è inferiore a 200 litri

D. ☐ Gambia, Mali e Madagascar sono al di sotto del consumo minimo giornaliero per la sopravvivenza dignitosa e accettabile di una persona

DISPONIBILE ONLINE ANCHE IN FORMATO CBT

N D19. **Indica quale simbolo devi inserisci nella casella?**

$$\frac{1}{5} \; \square \; \frac{4}{6}$$

A. ☐ >
B. ☐ <
C. ☐ =
D. ☐ ≥

S D20. **Un sacchetto di sabbia colorata viene versato nel vaso rappresentato in figura, riempiendolo fino a metà.**

Qual è il volume occupato dalla sabbia?

A. ☐ $3\,000\ cm^3$
B. ☐ $1\,000\ cm^3$
C. ☐ $1\,500\ cm^3$
D. ☐ $6\,000\ cm^3$

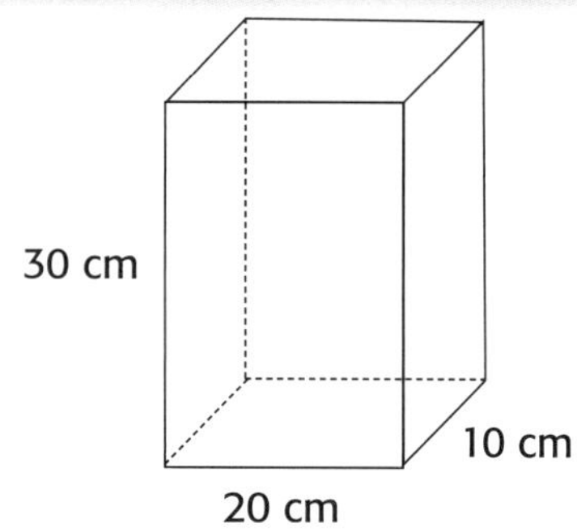

R D21. **In un triangolo rettangolo i cateti sono rispettivamente i $\frac{3}{5}$ e i $\frac{4}{5}$ dell'ipotenusa e il perimetro misura 12 dm.**

Quale equazione ti permette di trovare la lunghezza dell'ipotenusa?

A. ☐ $\frac{3}{5}x + \frac{4}{5}x + x = 12$

B. ☐ $\left(\frac{3}{5}\right)^2 + \left(\frac{4}{5}\right)^2 = 12^2$

C. ☐ $3 + 4 + x = 12$

D. ☐ $\frac{3}{5} + \frac{4}{5} + 12 = x$

N D22. **Quale delle seguenti disuguaglianze è vera?**

A. ☐ $-\frac{3}{4} > \frac{1}{4}$ B. ☐ $\frac{1}{4} < -\frac{1}{4}$ C. ☐ $-\frac{1}{4} < \frac{1}{4}$ D. ☐ $-\frac{3}{4} > -\frac{1}{4}$

D23. Data la seguente tabella di valori qual è la rappresentazione grafica corretta?

A. ☐ 1
B. ☐ 2
C. ☐ 3
D. ☐ 4

x	0	1	2	3	4
y	0	3	6	9	12

1
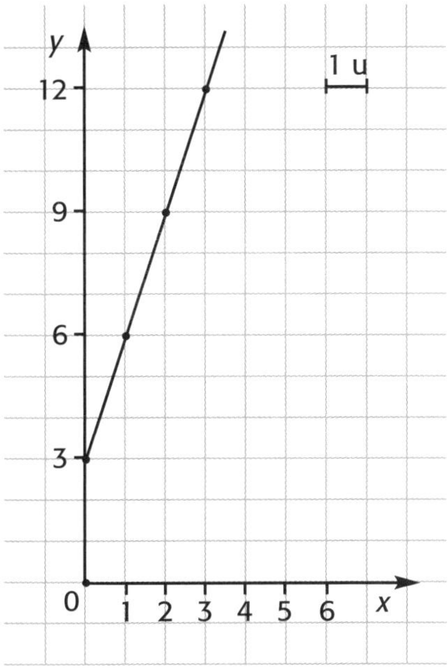

2
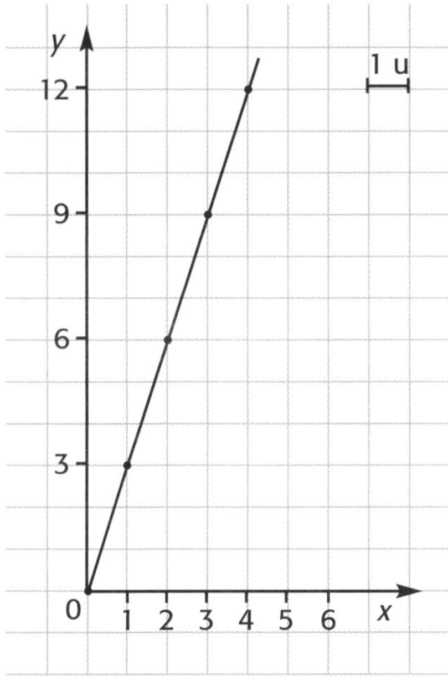

3
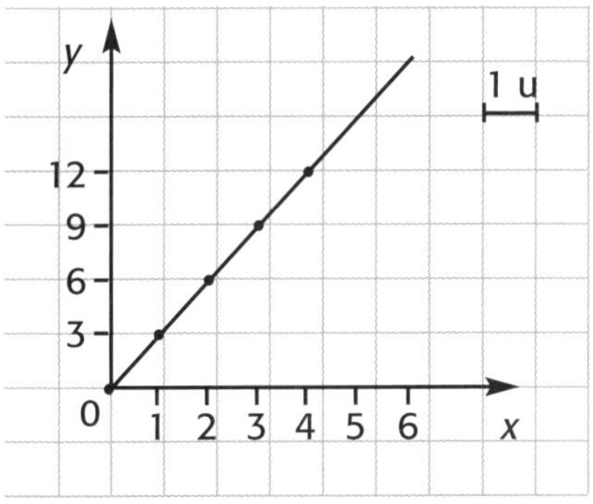

4
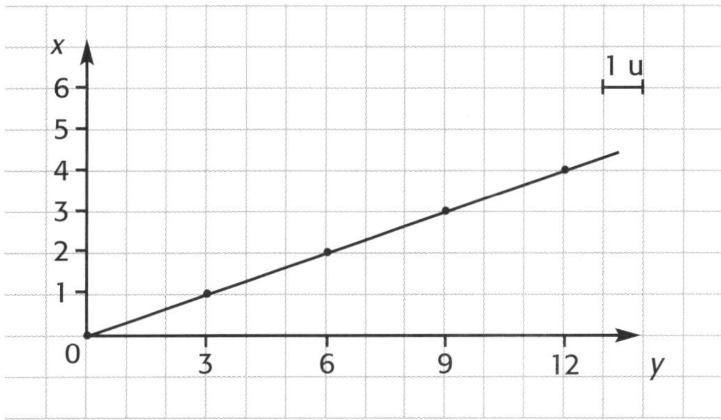

D24. Dati quattro numeri naturali *a*, *b*, *c*, *d*, diversi da zero, sapendo che:
***a* è il doppio di *b*, *c* è $\frac{1}{3}$ di *a*, *d* è la metà di *c* indica quale affermazione è falsa.**

A. ☐ *a* è il maggiore dei quattro numeri
B. ☐ *d* è minore di *c*
C. ☐ $c = \frac{2}{3}b$
D. ☐ $d = \frac{1}{6}b$

DISPONIBILE ONLINE ANCHE IN FORMATO CBT

DISPONIBILE ONLINE ANCHE IN FORMATO CBT

D D25. **Il grafico mostra il quantitativo di acqua, glicidi, protidi, lipidi presenti nel corpo umano.**

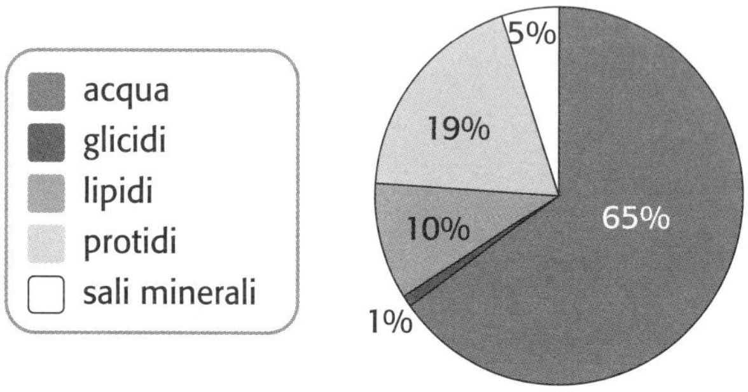

Denis pesa 50 kg. Indica quale affermazione è vera.

A. ☐ Denis è costituito da 32,5 kg di acqua

B. ☐ Su 50 kg i glicidi e i protidi sono 11 kg

C. ☐ Se Denis perdesse il 10% del suo peso, i lipidi scenderebbero al 9% del suo peso

D. ☐ Se Denis aumentasse di 5 kg, i sali minerali salirebbero a 2,5 kg

N D26. **Dati due numeri *a* e *b*, interi negativi, con $a > b$, quale delle seguenti operazioni dà come risultato il numero maggiore?**

A. ☐ $a + b$ B. ☐ $a - b$ C. ☐ $a \times b$ D. ☐ $\frac{a}{b}$

S D27. **Qual è il volume della piramide che ha per base il trapezio rappresentato in figura e l'altezza uguale a 3*a*?**

A. ☐ $12a^3$

B. ☐ $6a^3$

C. ☐ $2a^3$

D. ☐ $6a^4$

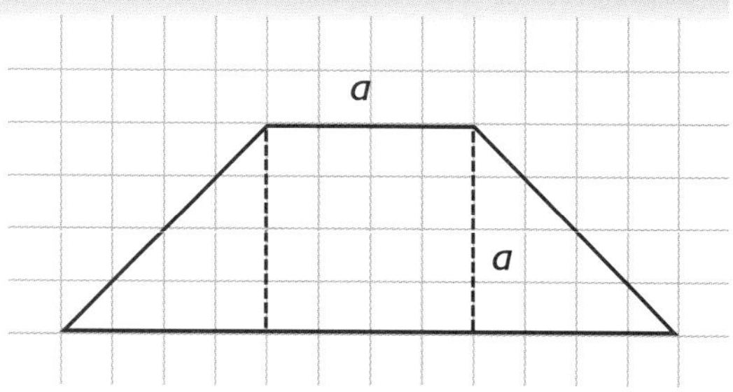

N D28. **Se *x* è un numero intero relativo e $-8 < 2x - \frac{1}{2}x < -3$**
Allora

A. ☐ $x = -6$

B. ☐ $x = -2$

C. ☐ $x = -4$

D. ☐ $x =$ non esiste un valore che soddisfi la relazione

D D29. **È stata fatta un'indagine sulle età delle persone che sono entrate in un bar per la colazione, dalle 8 alle 9 del mattino, ed è stato costruito il seguente grafico:**

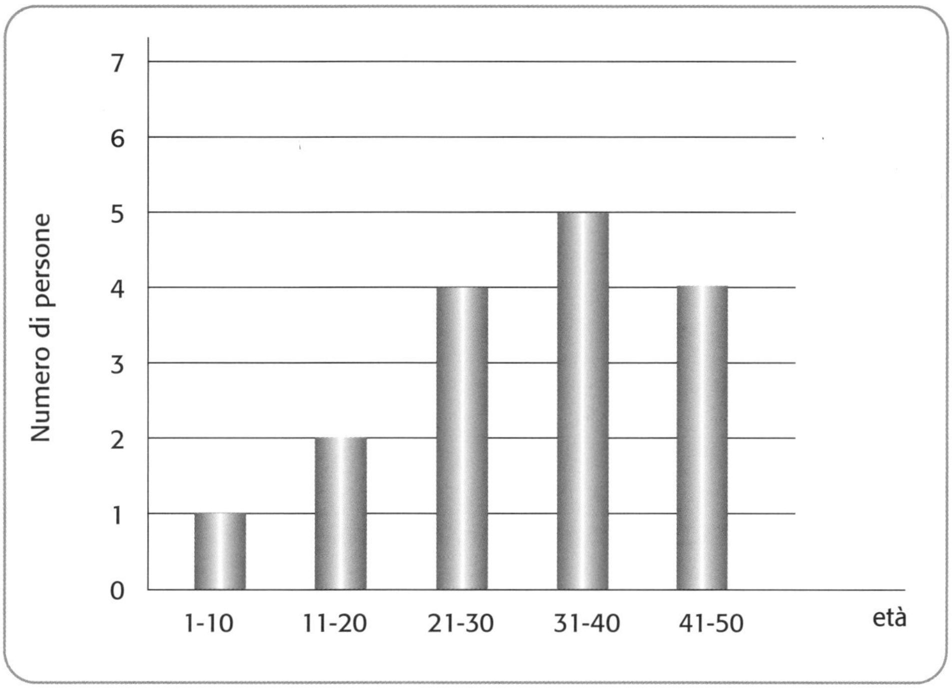

Completa la tabella:

Età (anni)	Numero di persone
1-10	1
11-20	☐
☐	☐
31-40	☐
☐	4

D **D30.** **È stata fatta un'indagine sulle età delle persone che sono entrate in un bar per la colazione, dalle 8 alle 9 del mattino, ed è stato costruito il seguente grafico:**

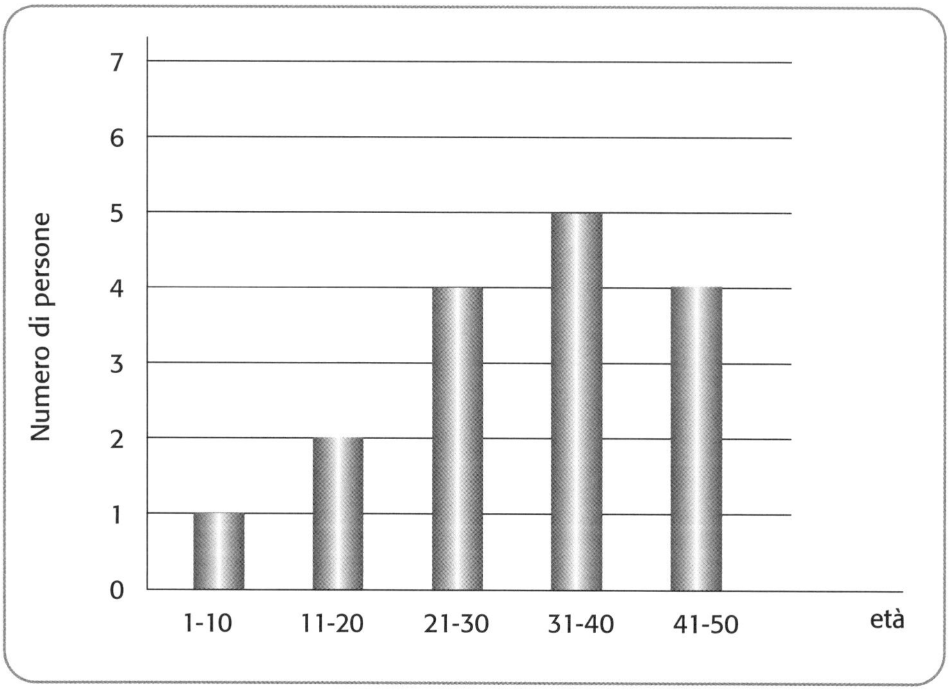

Scegliendo una persona a caso, qual è la probabilità che abbia da 21 a 30 anni?

R **D31.** **Osserva la tabella in cui sono stati riportati i dati relativi all'offerta promozionale proposta dall'operatore X sui messaggi inviati dal telefonino.**

OPERATORE X
10 sms = 1,50 euro
20 sms = 3,00 euro
30 sms = 4,50 euro
40 sms = 6,00 euro

Sapendo che il costo a tariffa ordinaria di un messaggio è 0,20 euro, indica quale formula permette di calcolare il costo dei messaggi indicati nella tabella, dove *n* indica il numero dei sms, e *C* il costo complessivo dei messaggi.

A. ☐ $C = 0{,}20\,n - 0{,}50\,n$

B. ☐ $C = 0{,}20\,n - 0{,}50$

C. ☐ $C = 0{,}20\,n - 0{,}05\,n$

D. ☐ $C = 0{,}20\,n - 0{,}05$

D D32. **L'areogramma mostra la percentuale di utenti Internet nel mondo, osservalo e completa la tabella.**

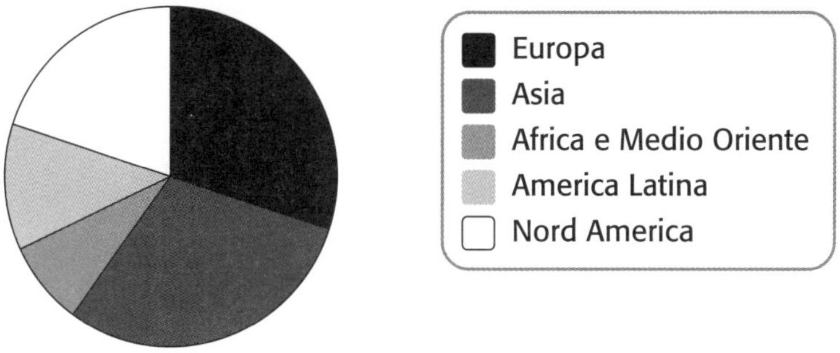

Area del mondo	Percentuale utenti
Europa	☐
Asia	30
Africa e Medio Oriente	8
America Latina	☐
Nord America	20

S D33. **Il disegno mostra il caminetto che Franca e Sergio hanno fatto costruire nella loro casa di montagna. La lastra di ferro, che fodera la parte davanti e le due fiancate del caminetto è larga 2 m e alta 1,70 m, mentre le fiancate hanno una profondità di 30 cm. La porta in vetro con la sua intelaiatura ha le dimensioni di 80 cm × 60 cm. Quanto ferro è stato utilizzato per foderare la parte davanti e le fiancate della struttura?**

A. ☐ 3,4 m^2
B. ☐ 2,92 m^2
C. ☐ 4,42 m^2
D. ☐ 3,94 m^2

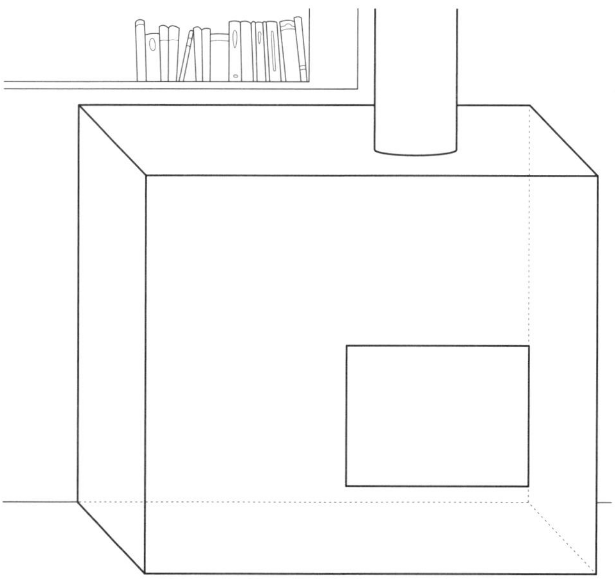

DISPONIBILE ONLINE ANCHE IN FORMATO CBT

R **D34.** **L'indice di massa corporea o BMI si ottiene dal rapporto tra il peso (P) e il quadrato della sua altezza.**

$$\text{BMI} = \frac{P}{h^2}$$

Immagina di prendere un campione di 10 ragazzi tutti alti 160 cm e di studiare come varia il BMI in funzione del loro peso.

Le grandezze peso (P) e BMI sono un esempio di:

A. ▢ proporzionalità diretta
B. ▢ proporzionalità inversa
C. ▢ proporzionalità quadratica
D. ▢ nessun tipo di proporzionalità

S **D35.** **Il solido in figura ha un volume di $30x^3$ cm³.**

Quanto misura la sua altezza?

A. ▢ $3x$ cm
B. ▢ $5x$ cm
C. ▢ 5 cm
D. ▢ $5x^2$ cm

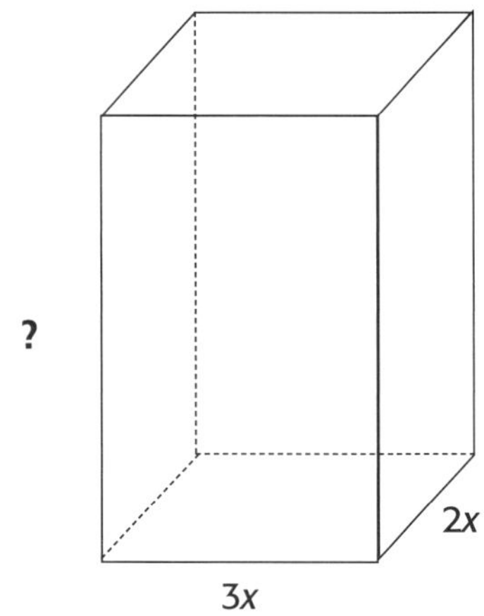

N **D36.** **Il quadrato rappresenta un intero diviso in parti uguali:**

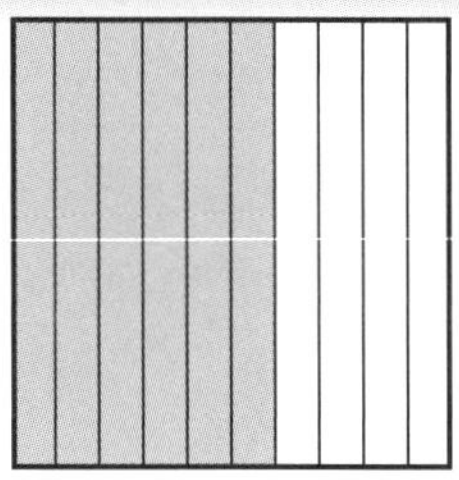

Indica se ciascuna delle seguenti affermazioni è vera o falsa.

		V	F
a	L'area della parte colorata è $\frac{6}{10}$ dell'intero	▢	▢
b	L'area della parte colorata si ottiene moltiplicando per 0,6 l'area dell'intera figura	▢	▢
c	L'area della parte colorata è minore dell'intero	▢	▢
d	L'area della parte bianca è uguale all'area della parte colorata	▢	▢

S D37. I due rettangoli della figura sono tra loro simili.

Se la base del rettangolo R_1 è la metà di quella del rettangolo R_2 e l'area del rettangolo R_1 è 250 cm^2, quanto misura l'area del rettangolo R_2?

A. ☐ 250 cm^2
B. ☐ 500 cm^2
C. ☐ 100 cm^2
D. ☐ 1 000 cm^2

N D38. Qual è la frazione maggiore tra $\frac{-2^3}{5}$; $-\frac{-2^3}{-5}$; $\frac{2^3}{-5^2}$; $\left(\frac{-2^3}{-5}\right)^2$

A. ☐ $\frac{-2^3}{5}$ B. ☐ $\frac{-2^3}{-5}$ C. ☐ $\frac{2^3}{-5^2}$ D. ☐ $\left(\frac{-2^3}{-5}\right)^2$

S D39. Sapendo che il raggio del cerchio misura 2,5 cm e il lato AB misura 30 mm, quanto misura il lato AC del triangolo ABC?

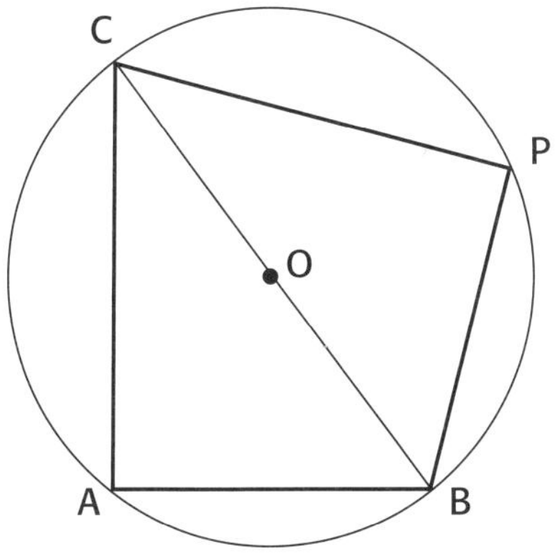

$\hat{A} = \hat{P}$
$A\hat{C}B = B\hat{C}P$

A. ☐ 2,5 cm
B. ☐ 5 cm
C. ☐ 40 mm
D. ☐ Non si può calcolare perché non si conosce la misura del lato CB

D40. **Sapendo che il raggio del cerchio misura 2,5 cm e il lato AB misura 30 mm, quanto misurano il perimetro e l'area del quadrilatero ABPC?**

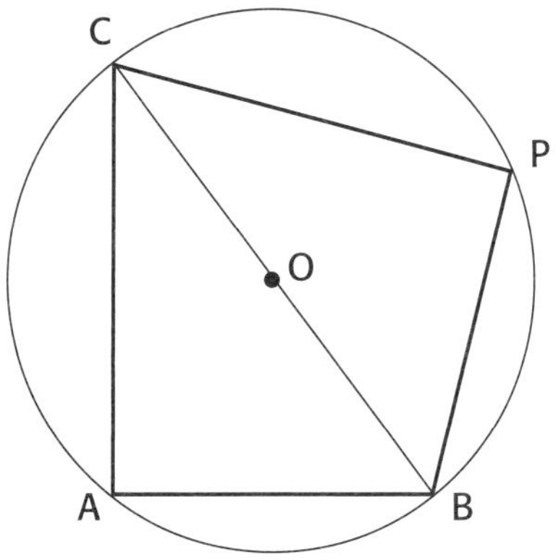

$\hat{A} = \hat{P}$
$A\hat{C}B = B\hat{C}P$

2p = ☐ cm

A = ☐ cm²

DISPONIBILE ONLINE ANCHE IN FORMATO CBT

Domanda	1	2	3	4	5	6	7	8	9	10	11	12	13	14	15	16	17	18	19	20
Risposta corretta																				
Risposta errata																				

Domanda	21	22	23	24	25	26	27	28	29	30	31	32	33	34	35	36	37	38	39	40
Risposta corretta																				
Risposta errata																				

PROVA 6

N D1. Ogni volta che si acquista un a merce si paga una tassa detta IVA. Il prezzo di un rubinetto per la cucina è 85 € più l'IVA. Se l'IVA corrisponde al 22% del prezzo del prodotto, per calcolare il prezzo finale del rubinetto, quale operazione occorre fare?

A. ☐ moltiplicare 85 per 22
B. ☐ sommare 85 al risultato di 85 × 22 :100
C. ☐ moltiplicare 85 per 22 e dividere il risultato per 100
D. ☐ aggiungere 22 ad 85

S D2. Devi disegnare la mappa del centro di Roma. Quale tra le scale proposte è opportuno utilizzare?

A. ☐ 1 : 100
B. ☐ 1 : 10
C. ☐ 1 : 10 000
D. ☐ 1 : 100 000 000

S D3. Il disegno riproduce una piastrella di dimensioni 20 cm x 20 cm.

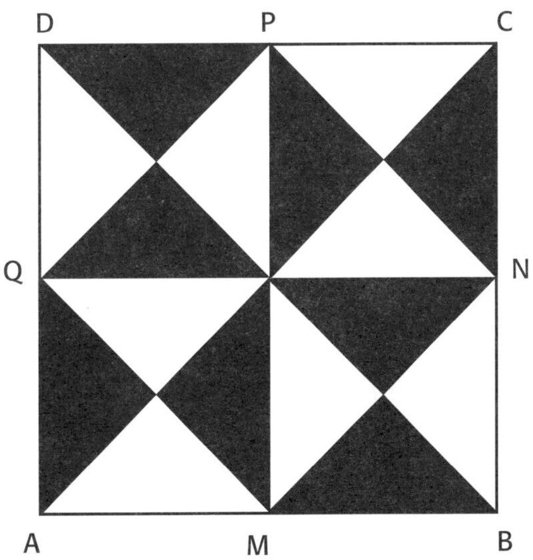

Qual è il rapporto tra l'area del quadrato MNPQ e l'area del quadrato ABCD?

Risultato: ☐

S D4. Il disegno riproduce una piastrella di dimensioni 20 cm x 20 cm.

Osserva la figura e indica se le affermazioni sono vere o false.

		V	F
a	La superficie nera della piastrella è di 200 cm^2	☐	☐
b	La superficie bianca della piastrella è equivalente all'area del triangolo ABD	☐	☐
c	I cateti dei triangoli neri misurano $5\sqrt{2}$	☐	☐
d	L'area del quadrato formato da un triangolo nero e un triangolo bianco è equivalente a $\frac{1}{8}$ dell'intera piastrella	☐	☐
e	La somma dei perimetri dei triangoli bianchi è il doppio del perimetro del triangolo ABD		

R D5. Su 28 Stati appartenenti all'Unione Europea, l'Italia è uno degli 11 Paesi, che hanno introdotto come moneta l'euro il 1 gennaio 1999, mentre la Lituania, ultima delle 19 nazioni che oggi utilizzano l'euro, lo ha fatto il 1 gennaio 2015. Cipro ha introdotto l'euro 9 anni dopo l'Italia e un anno prima della Slovacchia. La Slovenia è passata all'euro prima della Slovacchia e dopo la Grecia. Malta ha introdotto nello stesso anno di Cipro.

Quale affermazione può non essere vera?

A. ☐ La Grecia ha introdotto l'euro prima della Lituania

B. ☐ La Slovacchia ha introdotto l'euro dopo la Slovenia

C. ☐ Malta ha introdotto l'euro prima della Slovenia

D. ☐ La Slovacchia ha introdotto l'euro 10 anni dopo l'Italia

D6. **Se $-2 < x \leq +5$ e $-4 \leq y < -1$**

Allora

A. ☐ $-6 \leq x + y \leq +4$

B. ☐ $-5 \leq x + y \leq +3$

C. ☐ $-6 \leq x + y \leq +6$

D. ☐ $-4 \leq x + y \leq +3$

D7. **Il grafico rappresenta il consumo in KB durante l'utilizzo di Internet con uno smarthphone per inviare un messaggio Whatsapp di solo testo (retta *r*) o una mail senza allegati (retta *s*).**

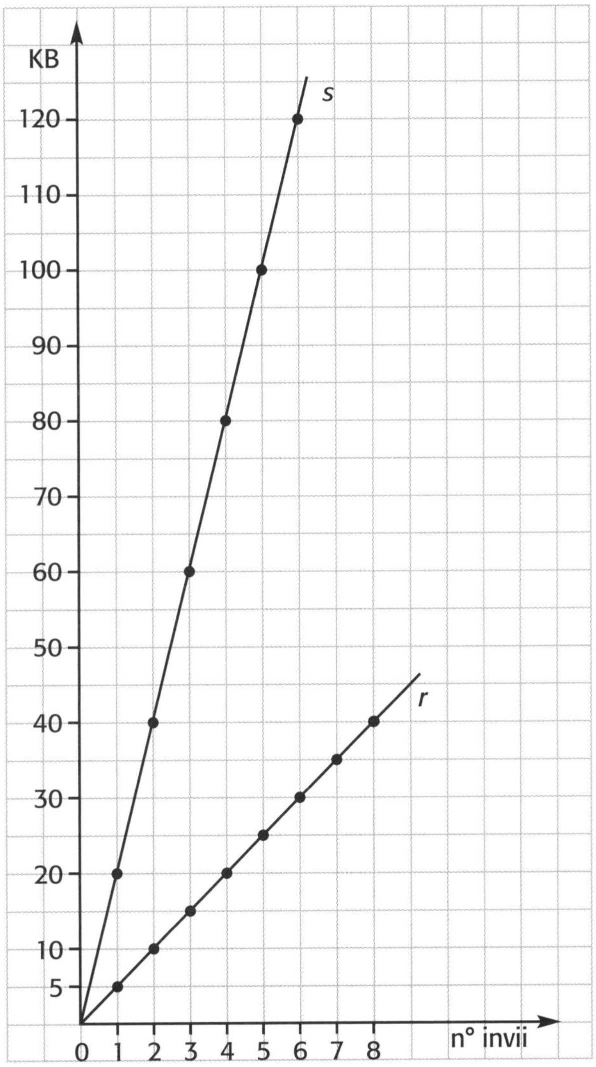

Ti è sufficiente 1MB per inviare 70 messaggi con Whatsapp e 35 mail?

Ricorda che 1 KB = 0, 001 MB

Sì, perché il consumo è di ☐

No, perché il consumo è di ☐

D D8. Il grafico mostra le temperature medie di Torino in un certo anno.
A quale colonna della tabella puoi associare i valori del grafico?

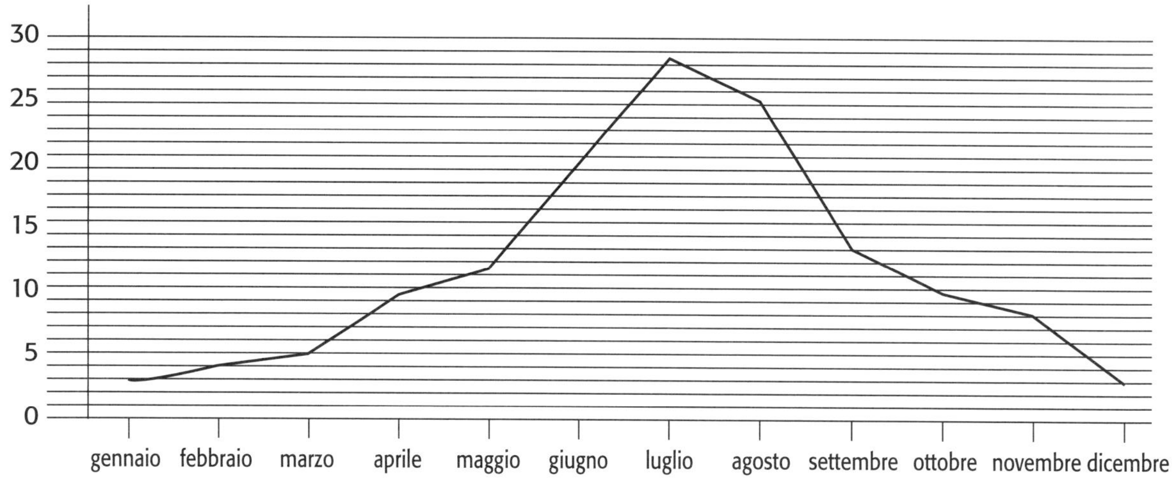

A. ☐ colonna 1
B. ☐ colonna 2
C. ☐ colonna 3
D. ☐ colonna 4

	1	2	3	4
gennaio	2	2	2	2
febbraio	4	5	6	5
marzo	5	6	7	5
aprile	10	11	12	11
maggio	12	11	13	11
giugno	20	19	22	24
luglio	28	25	27	27
agosto	25	25	25	25
settembre	14	13	12	14
ottobre	10	10	10	8
novembre	8	6	6	8
dicembre	3	3	3	3

R D9. **Se x e y sono numeri interi, quali tra le seguenti è la relazione tra x e y per i punti della retta disegnati nel grafico?**

A. ☐ $y = x + 2$
B. ☐ $y = 4 - x$
C. ☐ $y = x - 4$
D. ☐ $x = y - 4$

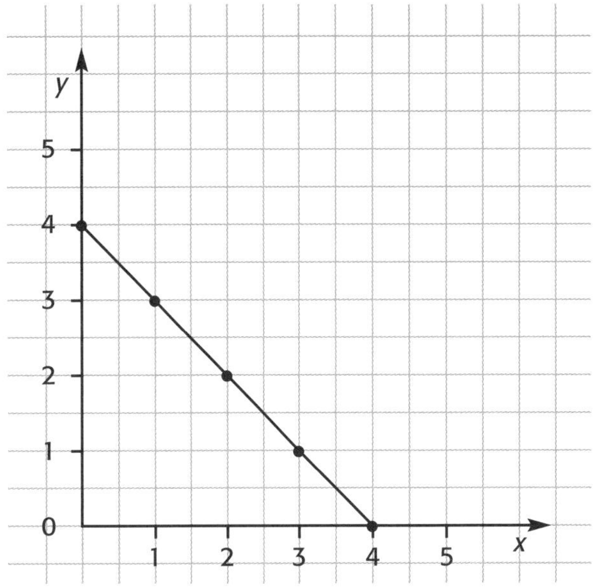

S D10. **Il solido in figura è formato da cubetti tutti uguali e con lo spigolo di 1 cm.**

Quanto misura il volume? ☐ cm^3

N D11. **Da quale calcolo si ottiene il risultato minore?**

A. ☐ Il 20% di 0,04
B. ☐ Il 40% di 0,02
C. ☐ Il 4% di 0,1
D. ☐ L'80% di 0,01

D D12. **La tabella riporta i risultati di una statistica svolta sugli alunni di 5 classi terze. Ogni ragazzo ha espresso una sola preferenza.**

Attività nel tempo libero	Frequenza
Videogiochi	15
Musica	24
Sport	36
Libri	21
TV	24

È corretto affermare che scegliendo due ragazzi a caso ci sono il 60 % di probabilità che preferiscano guardare la TV o praticare sport?

Sì, perché

No, perché

D D13. **La tabella riporta i risultati di una statistica svolta sugli alunni di 5 classi terze. Ogni ragazzo ha espresso una sola preferenza.**

Attività nel tempo libero	Frequenza
Videogiochi	15
Musica	24
Sport	36
Libri	21
TV	24

Scegliendo un ragazzo a caso che probabilità si ha che preferisca ascoltare musica?

A. ☐ 24%   B. ☐ 28,8%   C. ☐ 20%   D. ☐ 1 su 4

D D14. **Andrea è un appassionato pescatore. La tabella riporta quante volte, tra aprile e settembre, è andato a pescare in un lago o in un fiume. Leggila con attenzione e indica se le affermazioni sono vere o false.**

mese	lago	fiume
aprile	2	2
maggio	5	3
giugno	6	6
luglio	7	10
agosto	0	15
settembre	4	6

		V	F
a	Andrea tra aprile e settembre è andato a pescare in media 11 giorni al mese	☐	☐
b	Il rapporto tra i giorni di pesca al lago e i giorni di pesca al fiume è 4/7	☐	☐
c	Se negli altri 6 mesi è andato pescare 34 giorni, di cui 10 giorni al lago, in un anno i giorni in cui non ha pescato rappresentano circa il 72%	☐	☐
d	Nel 34% dei casi, Andrea è andato a pescare al fiume	☐	☐

S D15. **Marta e Letizia decidono di preparare, per il mercatino di Natale, dei portamatite utilizzando delle scatoline di cartone, senza il coperchio, rivestendole di carta colorata. Hanno a disposizione 10 scatole a forma di cubo con lo spigolo di 8 cm e 10 scatole a forma di parallelepipedo con le dimensioni di base di 7 cm e 6 cm e l'altezza di 10 cm.**
Quanti fogli di carta 50 cm × 70 cm occorrono, tenendo conto che, ritagliando, per ogni foglio si ha uno spreco di 600 cm².

Occorrono fogli ☐

S D16. **Un rombo ha le diagonali di 40 cm e 30 cm. Qual è il procedimento esatto per trovare il lato?**

A. ☐ $l = \sqrt{40^2 + 30^2}$

B. ☐ $l = \sqrt{40 \times 30}$

C. ☐ $l = \sqrt{20^2 + 15^2}$

D. ☐ $l = \sqrt{20^2 - 15^2}$

D D17. **La temperatura percepita dal nostro organismo in presenza di vento, risulta essere inferiore rispetto alla temperatura effettiva dell'aria. La tabella ti permette di calcolare l'indice di raffreddamento o wind chill. Ad esempio una temperatura reale di 5°C, in presenza di un vento forte (50 km/h) corrisponderà a una temperatura apparente percepita dalle parti scoperte del corpo di circa –1°C.**

Velocità del vento		Temperatura dell'aria misurata dal termometro (gradi °C)											
classificata	misurata (km/h)	5	0	–5	–10	–15	–20	–25	–30	–35	–40	–45	–50
debole	5	4	-2	-7	-13	-19	-24	-30	-36	-41	-47	-53	-58
	10	3	-3	-9	-15	-21	-27	-33	-39	-45	-51	-57	-63
	15	2	-4	-11	-17	-23	-29	-35	-41	-48	-54	-60	-66
moderato	20	1	-5	-12	-18	-24	-30	-37	-43	-49	-56	-62	-68
	25	1	-6	-12	-19	-25	-32	-38	-44	-51	-57	-64	-70
	30	0	-6	-13	-20	-26	-33	-39	-46	-52	-59	-65	-72
	35	0	-7	-14	-20	-27	-33	-40	-47	-53	-60	-65	-73
forte	40	-1	-7	-14	-21	-27	-34	-41	-48	-54	-61	-68	-74
	45	-1	-8	-15	-21	-28	-35	-42	-48	-55	-62	-69	-75
	50	-1	-8	-15	-22	-29	-35	-42	-49	-56	-63	-69	-76
	55	-2	-8	-15	-22	-29	-36	-43	-50	-57	-63	-70	-77
	60	-2	-9	-16	-23	-30	-36	-43	-50	-57	-64	-71	-78
molto forte	65	-2	-9	-16	-23	-30	-37	-44	-51	-58	-65	-72	-79
	70	-2	-9	-16	-23	-30	-37	-44	-51	-58	-65	-72	-80
	75	-3	-10	-17	-24	-31	-38	-45	-52	-59	-66	-73	-80
	80	-3	-10	-17	-24	-31	-38	-45	-52	-60	-67	-74	-81

https://www.arpa.piemonte.gov.it/export/sites/default/pubblicazioni/pdf/1_MeteoVetta_windchill

Guida per valutare il pericolo di congelamento

- Basso rischio di congelamento
- Aumento del rischio da 10 a 30 minuti di esposizione
- Alto rischio da 5 a 10 minuti di esposizione
- Alto rischio da 2 a 5 minuti di esposizione
- Alto rischio in 2 minuti di esposizione

Consulta la tabella e indica a quale temperatura reale si ha un alto rischio di congelamento dopo un'esposizione di 8 minuti e con un vento che soffia a una velocità di 45 km/h.

N **D18.** ***x* e *y* sono due numeri relativi interi discordi. Se dividi entrambi per −3 e moltiplichi il risultato ottenuto per $-\frac{1}{3}$, ottieni.**

A. ▢ Due numeri discordi
B. ▢ Due numeri opposti
C. ▢ Due numeri concordi negativi
D. ▢ Due numeri concordi positivi

R **D19.** **La tabella mostra le dosi per preparare un tè freddo, utilizzando un preparato liofilizzato, confezionato in bustine da 100 g.**

Liofilizzato (g)	25	50	75	100	150
Acqua (l)	0,375	0,75	1,125	1,5	2,25

La costante di proporzionalità è

A. ▢ $\frac{15}{100}$ B. ▢ $\frac{1\,000}{15}$ C. ▢ $\frac{15}{1\,000}$ D. ▢ $\frac{3}{200}$

R **D20.** **La tabella mostra le dosi per preparare un tè freddo, utilizzando un preparato liofilizzato, confezionato in bustine da 100 g.**

Liofilizzato (g)	25	50	75	100	150
Acqua (l)	0,375	0,75	1,125	1,5	2,25

Quanta acqua occorre aggiungere a 5 buste e mezzo di tè liofilizzato?

Risposta ▢ litri

S D21. Il poligono A'B'C'D' è stato ottenuto da una rotazione di 180° del èpoligono ABCD. Osserva le figure e rispondi.

Individua sul piano cartesiano il centro di rotazione P. Le sue coordinate sono:

A. ☐ P (6; 5)

B. ☐ P (5; 6)

C. ☐ P (6; 6)

D. ☐ P (7; 6)

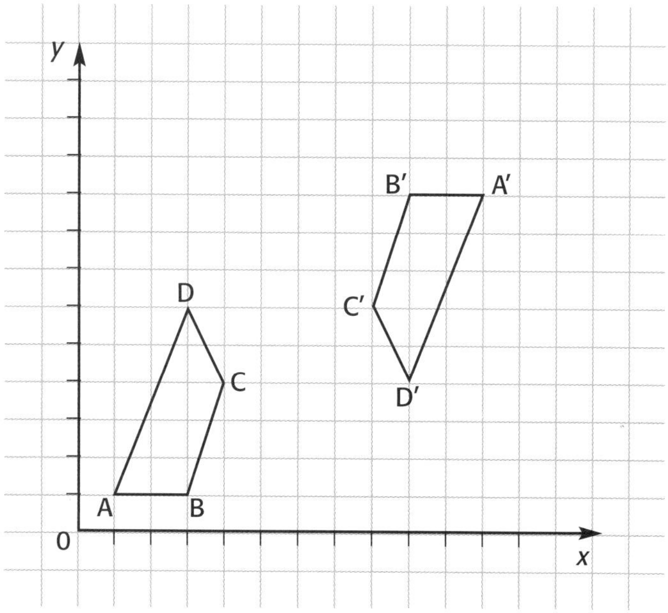

N D22. Silvia parte da Milano con il treno Freccia Rossa delle 9.07. Il viaggio dura 47 minuti. Arrivata a Torino Porta Susa deve raggiungere Rebecca alle 10.45 in Piazza Vittorio. Di seguito trovi gli orari della linea Star 2.

XVIII DICEMBRE (Porta Susa)	07:02	07:18	07:34	07:50	08:06	08:23	08:39	08:55	09:11	09:28	09:44
	10:00	10:16	10:33	10:49	11:05	11:21	11:38	11:54	12:10	12:26	12:43
	12:59	13:16	13:32								
VITTORIO VENETO	07:25	07:41	07:57	08:13	08:29	08:46	09:02	09:18	09:34	09:51	10:07
	10:23	10:39	10:56	11:12	11:28	11:44	12:01	12:17	12:33	12:49	13:06
	13:22	13:39									

Considerando che per uscire dalla stazione e arrivare alla fermata impiega 10 minuti, riuscirà ad arrivare puntuale all'appuntamento?

Sì perché lo STAR2 che riesce a prendere arriva in piazza Vittorio alle ☐

No perché lo STAR2 che riesce a prendere arriva in piazza Vittorio alle ☐

S D23. Una ditta mette in vendita le sue barrette di cioccolata confezionandola in scatole a forma di prisma esagonale regolare alto 16,8 cm e con il lato di base di 3 cm. Possono essere sufficienti 3,2 m^2 di cartone per confezionare 100 scatole?

Sì, perché per 100 scatole occorrono ☐ m^2

No, perché per 100 scatole occorrono ☐ m^2

N D24. L'impronta idrica è un indicatore di quanta acqua realmente si consuma per produrre servizi e beni di consumo per gli abitanti di una nazione ed è ottenuta calcolando il volume totale di acqua dolce impiegata, considerando l'intera catena di produzione, per produrre quel bene.
La tabella riporta alcuni esempi

Tipo di bene	Litri di acqua necessari a produrlo
Tee shirt	2 700
Paio di jeans	6 800
Foglio di carta A 4	10
Smarthphone	13 000
Carne di manzo (1 kg)	15 000
Bibita zuccherata (una lattina)	200
Un uovo	135
Un pomodoro	13
Una mela	70
Pasta (1 kg)	1 924
Pizza margherita	1 216
Fetta di torta	250

Paolo a pranzo ha mangiato 80 g di pasta, 1 fetta di carne da 1 hg, 2 pomodori e una mela. A quanto ammonta l'impronta idrica dei cibi consumati?

A. ☐ Circa 1 750 litri
B. ☐ Circa 270 000 litri
C. ☐ Circa 17 000 litri
D. ☐ Circa 3 400 litri

N **D25.** **L'impronta idrica è un indicatore di quanta acqua realmente si consuma per produrre servizi e beni di consumo per gli abitanti di una nazione ed è ottenuta calcolando il volume totale di acqua dolce impiegata, considerando l'intera catena di produzione, per produrre quel bene.**

L'impronta idrica degli italiani è di circa 6'000 litri pro capite al giorno, mentre la media pro capite mondiale è di circa 1 243 m^3 di acqua dolce l'anno.

L'impronta idrica procapite di un italiano supera la media procapite mondiale di

☐ m^3

R **D26.** **Osserva la tabella, che riporta come varia la grandezza *y* al variare della grandezza *x*.**

Quale funzione esprime la relazione tra le due grandezze variabili?

x	6	12	15	24	36
y	30	60	75	120	180

A. ☐ $y = \frac{20}{x}$ B. ☐ $y = 5x$ C. ☐ $y = \frac{1}{5}x$ D. ☐ $y = 2x + 10$

R **D27.** **Osserva la tabella, che riporta come varia la grandezza *y* al variare della grandezza *x*.**

x	6	12	15	24	36
y	30	60	75	120	180

Se la grandezza *x* ha valore $\frac{1}{25}$, la variabile *y* ha valore ☐

R **D28.** **Se $x = -1$ e $y = +2$, qual è il valore dell'espressione**

$$-2x + 3xy - 2x\,(3y) + (-y)^2$$

A. ☐ +4
B. ☐ −6
C. ☐ +12
D. ☐ −12

D29. Osserva la tabella che riporta le temperature minime e massime registrata il 25 dicembre in alcune città europee e completa

Città	Temperatura minima	Temperatura massima
Amsterdam	−2°C	0°C
Barcellona	3°C	13°C
Bruxelles	−7°C	−1°C
Berlino	−3°C	1°C
Copenaghen	−8°C	−4°C
Londra	−2°C	2°C
Oslo	−19°C	−13°C
Parigi	−3°C	0°C
Roma	2°C	13°C
Varsavia	1°C	7°C

Le città in cui la temperatura non è mai scesa sotto zero sono state

D30. Osserva la tabella che riporta le temperature minime e massime registrata il 25 dicembre in alcune città europee e completa

Città	Temperatura minima	Temperatura massima
Amsterdam	−2°C	0°C
Barcellona	3°C	13°C
Bruxelles	−7°C	−1°C
Berlino	−3°C	1°C
Copenaghen	−8°C	−4°C
Londra	−2°C	2°C
Oslo	−19°C	−13°C
Parigi	−3°C	0°C
Roma	2°C	13°C
Varsavia	1°C	7°C

La città con la massima escursione termica è stata

D D31. **La tabella riporta il numero di visitatori dei musei italiani nel 2016 nelle domeniche gratuite.**

Mese	Visitatori
Gennaio	265 343
Febbraio	196 106
Marzo	218 653
Aprile	376 575
Maggio	291 776
Giugno	320 106
Luglio	262 385
Agosto	261 054
Settembre	270 519
Ottobre	293 526
Novembre	207 690
Dicembre	165 480
TOTALE	**3 129 213**

grafico 1

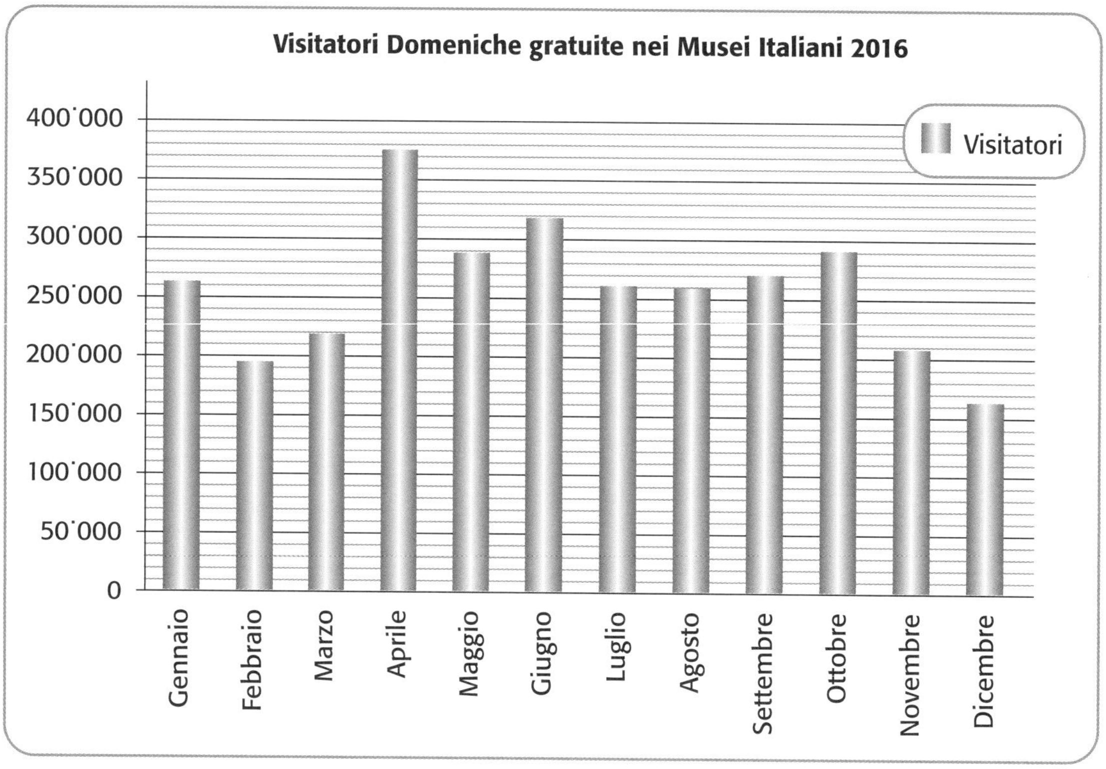

grafico 2

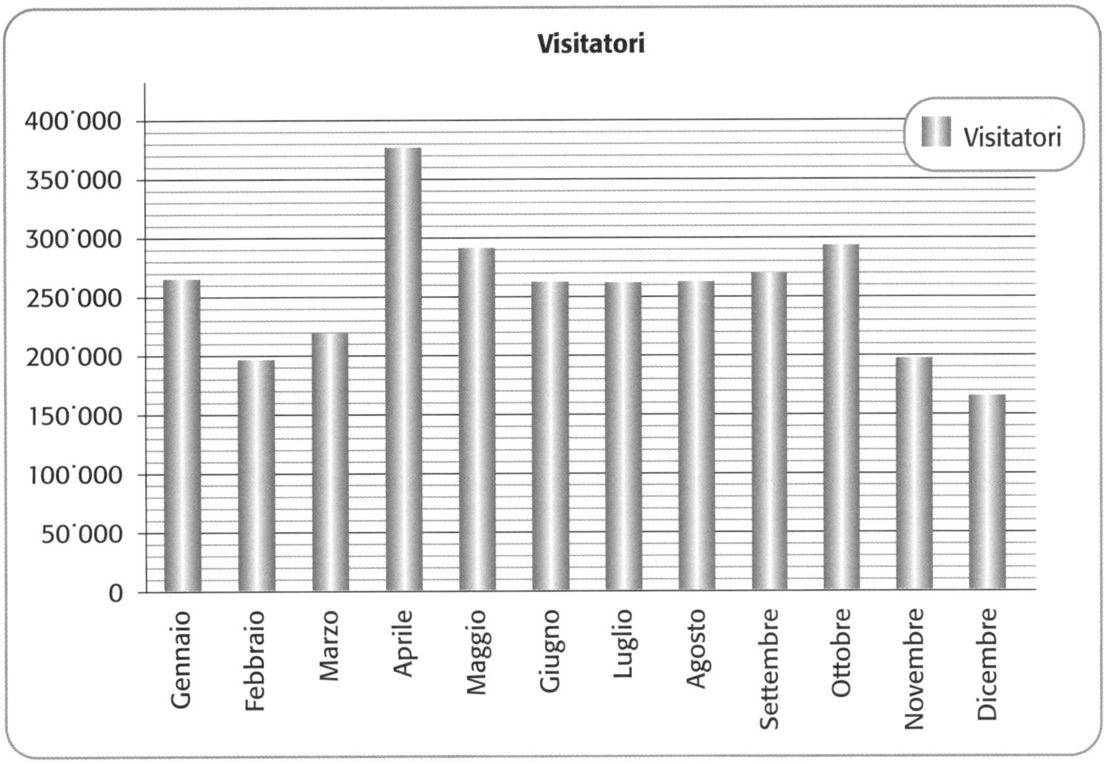

Quale dei due grafici <u>non</u> rappresenta correttamente i dati riportati in tabella?

Il grafico 1 perché è errata la rappresentazione dei mesi ☐

Il grafico 2 perché è errata la rappresentazione dei mesi ☐ .

S D32. Un angolo di 60° insiste su un arco che corrisponde a:

A. ☐ $\frac{1}{3}$ di circonferenza

B. ☐ $\frac{2}{3}$ di circonferenza

C. ☐ $\frac{1}{6}$ di circonferenza

D. ☐ $\frac{1}{2}$ di circonferenza

D33. **I 25 alunni della 3B hanno effettuato una simulazione della prova d'esame di Matematica.**

Ecco i voti:

7	6	8½	8	5	6½	6½	7	8½	7½	7	5½	4	9	8½	4	6½	7	7	8	9	7½	8	9	6

Qual è la moda? ☐

D34. **I 25 alunni della 3B hanno effettuato una simulazione della prova d'esame di Matematica.**

Ecco i voti:

7	6	8½	8	5	6½	6½	7	8½	7½	7	5½	4	9	8½	4	6½	7	7	8	9	7½	8	9	6

Indica se le affermazioni sono vere o false.

		V	F
a	I $\frac{4}{25}$ della classe non hanno raggiunto la sufficienza	☐	☐
b	Scegliendo un alunno a caso ci sono il 44% di probabilità che abbia riportato un voto superiore al 7½	☐	☐
c	$\frac{1}{5}$ della classe ha avuto come votazione 6 o 6½	☐	☐
d	La mediana e la moda non hanno lo stesso valore	☐	☐

D35. **Quali tra i seguenti numeri è più vicino a 1?**

A. ☐ −0,1
B. ☐ 0,01
C. ☐ −1
D. ☐ 0,1

N D36. Giove orbita intorno al Sole ad una distanza media di 778 412 020 km. Come si esprime utlizzando la notazione scientifica?

A. ☐ $7{,}78412020 \times 10^9$

B. ☐ $778{,}412020 \times 10^6$

C. ☐ $7{,}78412020 \times 10^8$

D. ☐ $77\,841 \times 10^4$

D D37. Il grafico illustra il tracciato di una gara podistica nelle Alpi Apuane

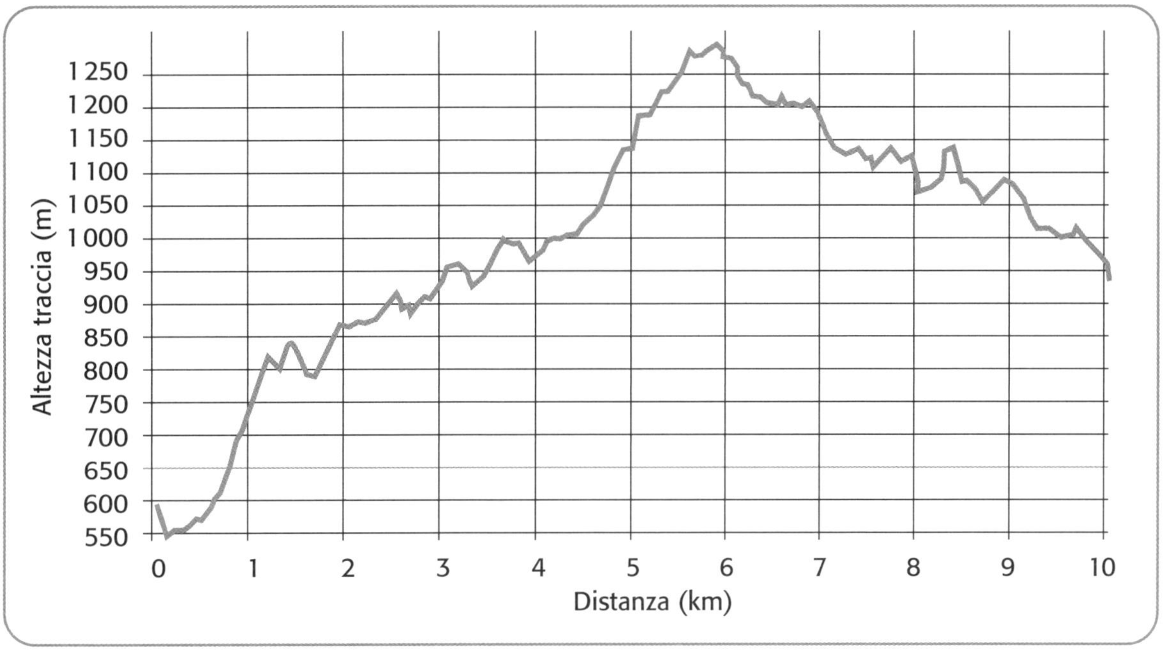

Osservalo e indica quale affermazione <u>non</u> è corretta.

A. ☐ La gara termina a una quota di 900 metri

B. ☐ Dalla partenza al sesto chilometro la gara è tutta in salita

C. ☐ Il dislivello tra il terzo e il quinto chilometro è di 200 metri

D. ☐ Tra il secondo e il quarto chilometro i podisti non superano la quota 1 000 metri

N D38. Quale espressione ha un risultato che <u>non</u> appartiene all'insieme *N* dei numeri naturali?

A. ☐ $\sqrt{2^2 \times 25 + 0{,}25 \times 4}$

B. ☐ $\frac{7}{12} + \frac{9}{12} - \frac{4}{12}$

C. ☐ $0{,}08 \times 100 + 2{,}56 \times 1\,000$

D. ☐ $(36 : 9 - 12 : 4 + 5) : (5 \times 4 - 2)$

N D39. **Paolo decolla dall'aeroporto di Milano Malpensa il 30 giugno con il volo Emirates delle ore 14.05 destinazione Shanghai. Il volo, con scalo a Dubai di 4 h 40 m, dura complessivamente 19 h e 25 m. Sapendo che quando in Italia sono le 8.00 a Shanghai sono le 14.00, a che ora Paolo atterrerà all'aeroporto di Shanghai?**

Risposta: ☐

S D40. **Il pollice (inch) è un'unità di misura dei paesi anglosassoni, utilizzata, ad esempio, per indicare la lunghezza della diagonale degli schermi (televisivi e monitor) indicando in questo modo anche le dimensioni dello schermo stesso; Alessandro ha una nicchia nel suo living larga 1 m. Potrà inserire un televisore alto 50 cm, con lo schermo di 40 pollici e una cornice di 2 cm? Tieni presente che 1 inch = 2,54 cm**

Sì, perché il televisore risulta largo ☐ cm

No, perché il televisore risulta largo ☐ cm

Domanda	1	2	3	4	5	6	7	8	9	10	11	12	13	14	15	16	17	18	19	20
Risposta corretta																				
Risposta errata																				

Domanda	21	22	23	24	25	26	27	28	29	30	31	32	33	34	35	36	37	38	39	40
Risposta corretta																				
Risposta errata																				